ブルーバックス

難問題の考え方
棋譜から原因を探る秘訣

上村 陽一 著

装幀／司修 著者肖像・江﨑雅弘
カバー写真／米村元朗
そくじ・春蝉子ネイン／中山重子
本文図版／さくら工芸社

To my wife Mutsuko

はじめに

　原因から結果を予測する，これが順問題。それに対し，結果から原因を探る。これが逆問題である。

　たとえば，水の中にインクを落とす。水の流れなり渦なりの知見から，インクの拡散する様を理解する。これは順問題である。しかし，より興味深いのは，インクが拡散する紋様を見て流れや渦が水面下でどうなっているかを知ることであろう。この思考の方向は，どうなるのかではなくなぜそうなるのかに在り，謎解きに似る。

　17世紀にニュートンが物体の運動の力と加速度による記述を発見して以来，数学は自然現象の理解に有用な言語と演繹法を提供してきた。しかし，原因から結果を導くという形で科学に貢献するのが主流であった。そして，科学は現象を理解し，それを予測に役立てる方向で進化してきた。

　だが，古典物理で説明不可能な現象が顕在化しその限界が意識され始めた19世紀末頃から，数学や数理物理学の分野で逆問題の発想による研究が，おのおの孤立した成果ではあるが散見されるようになる。そして，これらは次第に「逆問題」として括られ，その発想法は諸科学や工学の世界に広く浸透するようになった。この20世紀以降から現代に活きる逆問題の発想とその解析法を，生きた形で伝えたい。本書のねらいは，そこに尽きる。

現象から自然の声を聴く。これが自然科学者のライフワークである。逆問題の解析は，現象から自然への直接のパスを通すことによって，これを具現するものだ。したがって，科学者が圧倒的な意識改革を迫られた場面場面に，逆問題は関与してきた。たとえば，プランクのエネルギー量子発見，恐竜絶滅に対するアルバレスらの隕石衝突説，ストンメルらの海の流れの研究，これらはすべて，実は逆問題の発想による。現代逆問題が意識され始めたのは20世紀半ば以降であるし，それが受け入れられ熟成するまでには，時代を先駆した偉大な研究がそうであったのと同等の時間を要した。したがって，この時代を先駆けた研究者らは，それが逆問題であるという認識なしに，これら科学史に残る研究を行ってきた。逆問題研究の基盤を作ってきた数学者や工学者と同様に，真実が静かに姿を現すのを注意深くそして忍耐強く待った自然科学者達も，偉大な洞察としての仮説が試練を乗り越えるために，現象から自然への直接のパスを通して自然の声をつぶさに聴いたのである。

　本書は，自然の声を素直に聴くための逆問題の物語である。この物語を読者に伝えるための手段は，筆者にはただ1つしかなかった。自然の声をつぶさに聴いて洞察を行った科学者達の原典を，先入観なしに読み解くことである。この読み解きを粉飾なしに提示し，そのことによって逆問題の魅力を伝える。これが，本書における逆問題のすすめである。

はじめに ━━━ 3

第1章 逆問題とはなにか

未知なるもの ━━━ 12
内部を探る ━━━ 16
逆問題の規定 ━━━ 20
誤差に対する鋭敏性 ━━━ 24
演算の方向 ━━━ 34
重力探査 ━━━ 37
積分方程式と逆問題 ━━━ 41

第2章 史上最大の逆問題

逆問題の哲学 ━━━ 46
衝突仮説 ━━━ 48
地層からの隕石推定 ━━━ 50
衝撃の論文 ━━━ 54
恐竜絶滅のクレーター探し ━━━ 56
チチュルブクレーターの直径 ━━━ 60
決定的証拠 ━━━ 63

第3章 振動の逆問題

振動と順問題 ——— 66
バネの等時性 ——— 67
振り子の運動 ——— 69
ホイヘンス振り子 ——— 71
逆問題 ——— 74
逆解析 ——— 76
追加すべき観測データ ——— 80
最終解答 ——— 83
からくり ——— 85

第4章 プランクのエネルギー量子発見

壮麗な逆問題 ——— 90
黒体放射 ——— 92
1段目の滝, 放射公式 ——— 97
新たな展望 ——— 99
2段目の滝, エネルギー量子の発見 ——— 101
逆問題：エネルギー要素の決定 ——— 105
プランクからアインシュタインへ ——— 108

第5章 海洋循環逆問題

海洋学と逆問題 ━━ 116
コリオリの力と地衡流 ━━ 118
地衡流の運動方程式 ━━ 120
地衡流の力学計算 ━━ 122
基準速度を決定する逆問題 ━━ 125
逆解析の原理 ━━ 127
逆のパス ━━ 130

第6章 逆問題としての連立1次方程式

最小2乗解 ━━ 136
過剰決定系・不足決定系 ━━ 142
最小2乗解の方程式 ━━ 146
長さ最小の最小2乗解 ━━ 156
ムーアーペンローズ逆行列 ━━ 161
特異値分解 ━━ 168

第7章 逆問題のジレンマ

- 正則化法 ──176
- クイズ ──177
- チホノフ正則化解 ──186
- 特異値分解とチホノフ正則化 ──189
- 積分方程式の不安定性 ──193
- 逆問題源流探訪 ──198
- 放射性物質逆問題の正則化解 ──201

第8章 量子散乱の逆問題

- 量子力学速成コース ──212
- シュレディンガー ──217
- 量子散乱 ──221
- ハイゼンベルクのS行列 ──223
- 散乱の逆問題 ──229
- 逆スペクトル問題 ──237
- 非線形波動 ──240

参考文献および注釈 ──250
さくいん ──262

第 1 章 逆問題とはなにか

撮影／木村元明

■未知なるもの

　自然現象の理解のために数学が用いられるのはなぜか。この問いは，深遠である。自然科学が歩んできた道の分岐点で，立ち尽くす科学者達に数学がインスピレーションと指針を与えてきた有り様を見るとき，数学が単に自然現象を記述するための便利な言語でしかないとは，到底思えない。もっと根幹の部分で，現象を生み出す自然そのものと結びついていると考えざるを得ないのである。

　現象を法則に基づき，数式を用いて記述し，その数式を演算規則により解析する。そして，その結果をもって，現象を説明し，予測に役立てる。この手法は，質量と力によって運動を記述するアイザック・ニュートン（1643-1727）の古典力学の形式以後ずっと，現象を理解するために，標準的に用いられてきた。

　その手法においては，数学は現象を描像するのに適した絵の具となる。代表的なものは，たとえば，バネの運動である。バネの先端にとりつけられた物体が元に戻ろうとする力（復元力）は変位に比例する。そこで，ニュートンの第2法則にしたがって微分方程式を立て，微分方程式の解法にある演算規則にしたがってこれを解く。このとき解は，物体の運動すなわち単振動あるいは減衰運動を，良く説明する。

　確かに，これは現象をきれいに記述する。デッサンの上手な，そして絵の具の使い方もこなれている器用な画家の絵を見るようだ。しかし，これだけでは足りない。現象の表面的な自然描写から踏み込んで，自然が本来もつ謎めいた姿を見たいのだ。自然の声をつぶさに聴けばもっと感動するだろう。

　より深く考えて，現象の源を知りたい。そのために，標準

第1章 逆問題とはなにか

的な手法から，発想そのものをそれこそ180度変えてみよう。それは，観測から源へ直接逆の道筋（パス）を通して，源すなわち原因を定量的に把握する試みから生まれる。

この意味を具体的な例で説明していこう。はじめの例では，まず標準的な問題（順問題）を提示し，それに引き続いて逆のパスを通す問題（逆問題）を取り上げる。

次の問題は，事態が深刻なのを除けば，標準的である。

【問題】 1万キロリットルの貯水槽がある。放射能で汚染された地下水が，1日あたり200キロリットルこの貯水槽に流れこみ，混ぜ合わされた水が，1日あたり同じ量貯水槽の裏に流れ出ていく。地下水の放射性物質濃度は，1リットルあたり120ベクレルである。ある日の，貯水槽の放射性物質濃度は1リットルあたり24.0ベクレルであった。このとき，n日後の，貯水槽の放射性物質濃度を求めよ。

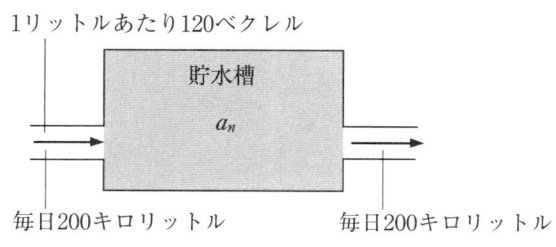

図 1.1 模式図

この問題の解は，一見すると予測に貢献し，何らかの結論の材料を提示してくれそうにみえる。実際に，単に数学の計

13

算練習としては、必要なデータが定まっていて、未来の数値を予測するための標準的な問題である。

この問題での既知量は2つある。1つは地下水の放射性物質濃度であり、もう1つは地下水が1日あたり貯水槽に流れこむ量である。これらは、問題の大切な因子である。ここでは端的に、原因と呼ぼう。このとき、問題の構図は次のように図示される。

$$\boxed{原因} \xrightarrow{\text{法則}} \boxed{結果}$$

ここで結果と書いたのは、もちろん計算結果として得られる答えのことである。そして、法則と書いたのは、水が混ぜ合わさるときの放射性物質の濃度がどうなるかの計算法則である。単に、濃度 a %の食塩水 A リットルと b %の食塩水 B リットルを混ぜ合わせたら、できた水の食塩水濃度は

$$\frac{Aa+Bb}{A+B} \tag{1.1}$$

という、例の計算ルールだ。

前ページの問題を解くのは、後にしよう。数列を学び、一般項 a_n の求め方を理解した高校生ならば、正解にたどりつくに相違ない。しかし、この問題を解けば予測に役立つとするのは、状況によっては、安易に過ぎよう。現実のもつ難しさが、おぼろげにしか見えないのだ。

問題を単純化してあるのは、論点を明確にするためであって、ここでいう安易とは無関係である。望むなら、法則として、アルベルト・アインシュタイン（1879−1955）の博士論

文（1905年）のように，水溶液中の分子に流体力学と拡散理論を適用して，より精密な議論をすることも可能である。1日で区切って離散的な問題となっているところが安易ということでもない。連続的な問題にしたいのなら，微分方程式を持ち出せば良い。

安易さは，もっと根本的なところにある。大切な因子である地下水の放射性物質濃度および地下水が1日あたり貯水槽に流れこむ量を，どうやって知るのかということだ。「水の中？　そーねー」と無責任な人，「そんなもん，とうぜん，わかるだろ」と傲慢な人ならいざ知らず，これらのデータを既知とみなすことは，両方を人が制御できるのでない限り，絶望的にすら思える。

したがって，状況によっては，まず次の問題を解く必要が生じる。

【放射性物質逆問題】　1万キロリットルの貯水槽がある。1リットルあたり x ベクレルの濃度の放射性物質で汚染された地下水が，1日あたり y キロリットル流れこみ，混ぜ合わされた水が1日あたり同量，貯水槽の裏に流れ出ていく。ある日の貯水槽の放射性物質濃度は1リットルあたり24.0ベクレルであり，1日後の濃度は25.9ベクレル，2日後の濃度は27.6ベクレルであった。x, y を求めよ。

この問題は，はじめの問題の既知量と未知量がそっくり入れ替わっている。構図を書けば

となる。

　このように,現象の原因を観測結果から,法則に基づく逆のパスを通して,定量的に決定あるいは推定する問題を総称して,逆問題と言う。これに対し,原因を既知として法則にしたがって計算し,自然現象の理解や予測に役立てるために設定された問題を,逆問題の対比として見るとき,順問題と言う。順問題は,標準的な問題である。したがって,逆問題を意識しないときには順問題とは言わず,単に問題と言う。ただし,対応する逆問題を知らずに,どんなもんだいと言ってもらっては困る。

■内部を探る

　逆問題的なものは,山ほどある。たとえば,すいかをたたいて,その音からすいかの味を推定する問題。これは密度と音の高さの関係を法則とし,音の高さの観測結果から,すいかのおいしさの原因である密度を推定する問題だ。構図的には,確かに逆問題である。

　しかし,これは定性的な観察にすぎない。よって,本書では逆問題に含めることなく,逆問題的と形容するにとどめる。ここで定性的と言っているのは,たとえば「富士山は高い山だ」ということ。これに対し,「富士山頂は標高海抜 3776 m」と数値で示すことを定量的と形容する。

　もちろん,すいかのおいしさの指標を数値として定め,その指標を音の高さから決定するパスを通し,「すいか美味計測器」なるものを考案するのは,逆問題と言える。これを考案しても,商品化してくれる人が見つかりそうにないから工学者はやらない。また,理学的に面白いことが発見できそうに

第1章　逆問題とはなにか

ないから，理学者も手を出さない．そういう理由で逆問題にならないだけのことである．

　陶芸家は，その昔，炉口の光色から炉内の温度を推定した．これは，匠の技である．定量的でないからと言って切り捨てるには忍びないものの，これもやはり逆問題的でしかない．しかし，これは陶芸家にとっては，いい作品が出来上がるかどうかの生命線．それゆえに，工学的逆問題となり，陶芸用の温度計測器が作られた．のみならず，この逆問題は途轍もないところにまで行き着いた．プランクによるエネルギー量子の発見である．この話は，第4章でする．乞うご期待！
「人の表情から，その心を推し量る」，これも逆問題的である．齢を重ねると面倒になってやる気がしなくなったが，若いときには切実だった．恋愛である．なにしろこちらが動揺しているから，観測がぶれる．ちょっとした仕草の観察が，少しでもぶれると，愛してる，愛してないの堂々巡り，まさに花占いである．

　心を推し量る問題には，表面の観測データから内部を探るという逆問題の様相が，いかんなく現れている．脳科学が更なる進展を見せて，人の感情の指標とそれに係る脳の働きを正確に解析できれば，典型的な逆問題となる可能性がある．

　ここまでの逆問題的なものに共通な問題の様相（問相）は

- 問相1　内部を探る

である．これに，

- 問相2　定量的

を加味すれば，逆問題となる．典型例を，医療科学から採っ

17

てこよう。

CTスキャンという言葉を聞いたことがあろう。このCTは，computed tomography の略だ。tomography は，tomos（切断，もとはギリシャ語）と graphy（画）をくっつけた造語である。そこで，CTをコンピューター断層撮影と訳す。コンピューター切断撮影と訳したら，怖くて，誰も検査を受けません。

ちなみに，atom（原子）は tomos + a（否定を表すギリシャ語）の造語だ。これ以上切断できないという意味である。原子に行き着いたころには，これ以上細分できないと思っていたのだろう。造語，みんなで作ればこわくない。これは標語。この標語に頼って，逆問題の様相を，問相と造語した次第。

CTは，X線の減衰量から人体内部の密度（異常）を知る逆問題である。構図を描けば

$$\boxed{密度} \xleftarrow{\text{法則}} \boxed{X線の減衰量}$$

となる。いろいろな直線に沿って，X線を照射する。そして，検出器でその直線でのX線の総減衰量を測定し，内部での減衰率を推定するのである。

この問題の法則は，ブーゲの法則。X線の強度 I の減衰率が密度に比例することを言う。図1.2（上方から見た頭部切断面のつもり）で説明しよう。

減衰率の定義は，X線の透過進路を座標 y（図1.2参照）で表せば

$$f = -\frac{1}{I}\frac{dI}{dy}$$

第1章 逆問題とはなにか

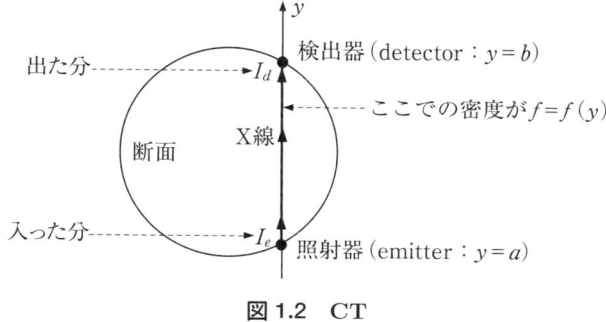

図 1.2 **CT**

である。減衰率 f は y の関数で，$f \propto$ 密度。これがブーゲの法則だ。比例だから，適当に単位を取り直して，f が人体内部の密度そのものと考えて良い。つまり，$f=f(y)$ が y のところの密度である。X線の強度 I は減衰するから，$\dfrac{dI}{dy}<0$ である。それゆえ，右辺にマイナスをつけて，正の量とした。

照射器から入射した X 線の強度を I_e，検出器で計測した強度を I_d とする。このとき，X 線が透過した率は，I_d と I_e の比 I_d/I_e で与えられる。出た分 ÷ 入った分である。残り $I_e - I_d$ は吸収された分だ。

この透過率の計算は，順問題である。上の f の定義式は

$$-\frac{d}{dy}\log I = f(y) \qquad \left(\frac{d}{dy}\log I = \frac{1}{I}\frac{dI}{dy} \text{ より}\right)$$

と書き直せる。これを y について a から b まで積分して

$$-(\log I(b) - \log I(a)) = \int_a^b f(y)dy$$

となる。I_e は I の $y=a$ での値 $I(a)$, I_d は I の $y=b$ での値 $I(b)$ だから

$$-\log \frac{I_d}{I_e} = \int_a^b f(y)dy$$

である。積分を使ったが，数式で書くと無味乾燥に見える。要するにこの右辺は，照射器から検出器までの線分上で人体の密度を積み重ねた分である。積み重ねた分，思いっきり略して，積分だ。ベートーベン交響曲第8番，これをベトハチと略す。シベリウスバイオリンコンツェルト，略してシベコンなんてのもある。みんなで略せばこわくない。

上の式の左辺が観測値。逆問題はその観測値から $f(y)$ を求めることだが，勿論，1つの方向からでは $f(y)$ が決まるはずもない。口から入った栄養分，出た分引いて正味の栄養分。これが，どこで吸収されたかなんて分かるまい。

いろいろな方向からの透過率観測値が集まって，はじめて有効な観測データとなる。頭の内部の密度図は，この観測データを解析して得られる。計算された数値を画像化した絵と言うべきか。以上が，CT スキャンの原理である。

■逆問題の規定

内部を探る，これは逆問題の問相。典型的な逆問題の1つの様相を見たに過ぎない。はじめに述べた，観測結果から原因を探る問題。これも逆問題の規定としては，弱い。

卵が先か鶏が先か。どちらが原因でどちらが結果なのか判然としないものは，いくらでもある。ゆえに，単に観測結果から原因を探るのが逆問題というのは，逆問題を規定しない。

先に解かれたのが順問題,あとに解かれたのが逆問題。これでどうだ！　どうだもこうだもない。これも,逆問題の定義となり得ない。どちらを先に考えるかは必要に応じて決まる。問題の顔,問相とは無関係である。

　試験の答案が,先生から返される。まっ先に全体の点数を見る。「あれれ,なんでこんなに低いんだ」とおもむろに各問の点数を見て,「そーか,問3でミスったのか」などと原因を調べる。場合によっては,反省もする。これも,試験結果から原因を探る逆問題だ。学生時代には,よく解いた。解くと言うほどの逆問題ではないが。

　しかし,各問の点数を調べて合計点が合っている,先生足し算できるなーと順問題から解いたことはない。もちろん合点（がてん）がいかなければ合点（がってん）したが,それは最後の話だ。かくして,順問題,逆問題の問相は考える順番とは無関係である。

　反省をする。これは,逆問題のにおいがする。非常に切ない反省の1つは,プロ棋士の姿に現れる。囲碁や将棋の棋士は,途中で形勢を損ねる悪手を放ったあとすぐに,後悔の表情を浮かべることがある。囲碁棋士の何人かは,露骨にぼやく。「馬鹿だ,こんな手があるか」これはそんなに切なくない。

　対局中に,盤上から目を逸（そ）らし,過去を振り返り「どこで悪くしたのか」と原因を探っている。特に,何が悪かったのか原因がはっきりしないときにはうつろな感じさえする。反省というよりは,後悔に近い。見ていて,この姿が一番切ない。しかも,これは勝負に良くない。

　将棋の方は,コンピューターが強くなってきてプロ棋士も負けたりする。これはある意味当たり前だ。コンピューターは感情がないから,後悔もなければ恐れもない。感情がなけ

れば勝負には強い。

　さて,この「どこで悪くしたのか」は逆問題だ。現在の局面は,手の積み重ねでできた結果である。相手の手,自分の手,その一手一手が要素であり,そのゲームのルール(=法則)に基づいて出来上がったのが現在の局面だ。その局面を判断する。コンピューターなら数値的に出す。形勢を定量化しているのだ。これに関しては,人間である棋士も数値化こそしないものの,形勢の程度を判断する。

　そして,その形勢判断からどの要素,すなわち自分の手のどれが良くなかったのかと思いを巡らす。これが,切ない感情の発露につながる。

　だんだんわかってきた。要するに,細部から全体を調べるのが順問題で,全体から細部を探るのが逆問題。おおざっぱな感じは,これで良い。前項のCT逆問題も,「問相1：内部を探る」とは別の顔をもっていた。ブーゲの法則で積み重ねられた分から細部を調べるという特徴である。

　この特徴は,逆問題一般の様相を良く反映する。問相では弱すぎよう。

　そこで,規定にしてしまおう。

> **規定**　分割された要素(=原因)達のある規則(=法則)に基づく積み重ねで得られる包括(=結果)から要素を決定または推定する問題を,逆問題と言う。

　これが,本書における逆問題の規定である。もう1つ。過去を調べる。これは,ある種の逆問題に見られる1つの顔である。問相にしておこう。

● 問相 3　過去に遡る

　上に述べた逆問題の規定。これは，あくまで本書における，と断らねばなるまい。逆問題は，分野を問わない。分野の異なる逆問題の研究者を千人集めて規定を問えば，千差万別，収拾がつかないであろう。それどころか，規定を作るとはけしからんの大合唱だってありうる。

　逆問題の研究者は，概して右を向けと言われれば左を向く連中，もとい，方々だ。到底，全員一致は望めない。本書の矢印を見よ。普通，矢印は→と書くのが相場だ。それなのに，この本では矢印は，ほとんど←だ。逆を向くとは，けしからん。

　分野に伴い，名称も異なる。逆問題（inverse problem）の代わりに，逆理論（inverse theory），逆モデル（inverse model あるいは inversion model）なんて言葉もある。モデルが逆向いてどうする？　いや，これはモデリングを，逆方向で解析するという意味だ。モデリング（アメリカ英語で modeling, イギリス英語で modelling）というのは，現象を説明するのに適当な数式模型（モデル）を作ることだ。最初の→の問題は端的な例になっている。最初の←はその逆だから逆も出る，もとい，逆モデルというわけだ。

　逆問題とは言葉の由来が異なるが，逆評定なんて言葉もある。東京大学教養学部（略して東大教養）では，学生が勝手に，もとい，自主的に教員を評定し小冊子を編纂している。学生が教員を評価するので逆評定というわけ。ある年，冊子に，この先生の授業は $\frac{1}{3}$ がギャグだと書かれた。けしからん。$\frac{1}{3}$ とは，何だ。そんなに多くはやっていないぞ。$\frac{1}{4}$ 以内に収まっているはずだ。ギャグもノートにとって，量的に

調べて見給え。「問相 2：定量的」に反する限り，逆問題とは評定できぬ。問相 2 は逆問題の規定の前提である。

逆問題の解析法を指す名称もさまざま。逆解析 (inverse analysis)，逆方法 (inverse method)，極めつけは，逆 (inversion)。ここまで略せば立派なものだ。

逆問題の規定における法則は，仮説であってもかまわない。ある仮説をたてて，それに基づき逆解析する。これは，その仮説が正しいかどうかを見る上で，大変重要な作業になる。第 2 章および第 4 章で扱う問題はそのような型の逆問題である。

■誤差に対する鋭敏性

はじめの，放射性物質の問題を解いてみよう。貯水槽の大きさ 1 万をいちいち書くのは面倒。よって V と書く。以後，$V = 10000$。また，n 日後の放射性物質濃度を a_n とする。単位はベクレルだが，これは濃度である。数値が大きくなるのは煩雑だから 1 リットルあたりの濃度とする。

毎日 200 キロリットルの水が貯水槽に流れ込み，同量の水が反対側に流れ出ていく。よって，n 日後には，濃度 a_{n-1} の汚染水 $(V-200) \times 1000$ リットルと濃度 120 の汚染水 200×1000 リットルが混ぜ合わさる。こうしてできた汚染水の濃度 a_n は，法則 (1.1) より

$$a_n = \frac{(V-200) \times 1000 \cdot a_{n-1} + 200 \times 1000 \cdot 120}{V \times 1000}$$

1000 は消えて

$$a_n = \frac{(V-200) \cdot a_{n-1} + 200 \cdot 120}{V}$$

となる。

これを，次のように変形する。

$$120 - a_n = \left(1 - \frac{200}{V}\right)(120 - a_{n-1}) \tag{1.2}$$

n に代えて $n-1$ のときは

$$120 - a_{n-1} = \left(1 - \frac{200}{V}\right)(120 - a_{n-2})$$

であるから，これを (1.2) の右辺に代入して

$$120 - a_n = \left(1 - \frac{200}{V}\right)^2 (120 - a_{n-2})$$

以下同様にして

$$120 - a_n = \left(1 - \frac{200}{V}\right)^2 (120 - a_{n-2})$$
$$= \cdots\cdots$$
$$= \left(1 - \frac{200}{V}\right)^n (120 - a_0)$$

となる。よって答えは

$$a_n = 120 - \left(1 - \frac{200}{V}\right)^n (120 - a_0) \tag{1.3}$$

である。これで順問題は解決。典型的な数列計算だ。

さて，逆問題は何か。今度は，(1.3) の 120 と 200 が未知。120 の代わりに x，200 の代わりに y である（図 1.3 参照）。

x, y が，逆問題の規定で言うところの要素（＝原因）に相当する。これから繰り返しの計算で得られた a_n，すなわち

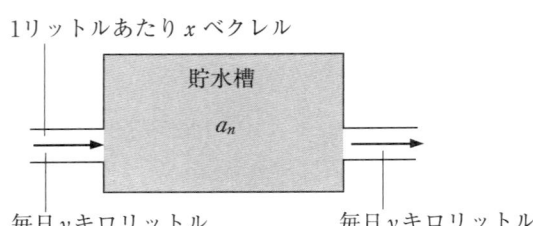

図 1.3　放射性物質逆問題の模式図

$$a_n = x - \left(1 - \frac{y}{V}\right)^n (x - a_0) \tag{1.4}$$

が包括（＝結果）である．逆問題は，この a_n の観測から，要素である x と y を決定することだ．逆問題では，a_0, a_1, a_2 の組が与えられている．

さて，逆問題の方を解こう．(1.4) を見易く

$$x - a_n = \left(1 - \frac{y}{V}\right)^n (x - a_0)$$

と書き直す．$n = 1, 2$ として

$$\begin{cases} x - a_1 = \left(1 - \dfrac{y}{V}\right)(x - a_0) \\ x - a_2 = \left(1 - \dfrac{y}{V}\right)^2 (x - a_0) \end{cases} \tag{1.5}$$

これは，未知数 2 つの連立方程式である．どう解くか．まず，y を消去しよう．そのために，(1.5) の第 1 式を 2 乗して

$$(x - a_1)^2 = \left(1 - \frac{y}{V}\right)^2 (x - a_0)^2$$

とする.次に,(1.5) の第 2 式に $x-a_0$ を掛けて

$$(x-a_0)(x-a_2) = \left(1-\frac{y}{V}\right)^2 (x-a_0)^2$$

とする.この 2 つの式の右辺は同じものである.よって

$$(x-a_0)(x-a_2) = (x-a_1)^2$$

と x だけの方程式が得られる.2 次方程式に見えるが,両辺を展開すると

$$x^2 - (a_0+a_2)x + a_0\,a_2 = x^2 - 2a_1 x + a_1{}^2$$

より,x^2 は消えて

$$(2a_1 - a_0 - a_2)x = a_1{}^2 - a_0\,a_2 \tag{1.6}$$

となる.よって

$$x = \frac{a_1{}^2 - a_0\,a_2}{2a_1 - a_0 - a_2} \tag{1.7}$$

これで x が求められた.

ここまでくればあとは,(1.5) の第 1 式に (1.7) を代入すれば y が得られる.(1.5) の第 1 式の右辺の $x-a_0$ を計算すれば

$$x - a_0 = \frac{a_1{}^2 - a_0\,a_2}{2a_1 - a_0 - a_2} - a_0 = \frac{a_1{}^2 - 2a_0\,a_1 + a_0{}^2}{2a_1 - a_0 - a_2}$$

である.ゆえに

$$x - a_0 = \frac{(a_1 - a_0)^2}{2a_1 - a_0 - a_2} \tag{1.8}$$

となる．そして，(1.5) の第 1 式を

$$\frac{y}{V} = 1 - \frac{x - a_1}{x - a_0} = \frac{a_1 - a_0}{x - a_0}$$

と書き直し，(1.8) を代入して

$$\frac{y}{V} = \frac{2a_1 - a_0 - a_2}{a_1 - a_0}$$

が得られる．これより

$$y = V \frac{2a_1 - a_0 - a_2}{a_1 - a_0}$$

となり，y が求められた．

以上をまとめて

$$x = \frac{a_1{}^2 - a_0 a_2}{2a_1 - a_0 - a_2}, \quad y = V \times \frac{2a_1 - a_0 - a_2}{a_1 - a_0} \qquad (1.9)$$

である．これが，観測結果から原因への逆のパスとなる．

逆問題での観測データは

$$a_0 = 24.0, \quad a_1 = 25.9, \quad a_2 = 27.6 \qquad (1.10)$$

である．これを (1.9) に代入して

$$\begin{cases} x = \dfrac{(25.9)^2 - 24.0 \times 27.6}{2 \times 25.9 - 24.0 - 27.6} = \dfrac{8.41}{0.2} = 42.05, \\ y = 10000 \times \dfrac{2 \times 25.9 - 24.0 - 27.6}{25.9 - 24.0} = 1052.631 \cdots \end{cases}$$

が得られる．これが観測データ (1.10) に対する x と y の数値

だ。実際には，有効桁数の問題が残る。特に，x の方は，分母の 0.2 がいわゆる桁落ちをしているので，42.05 のうち有効なのは 4 の数値のみである。しかし，これはさほど気にする必要はない。もっと深刻な状況がある。

それを見るために，観測データが

$$a_0 = 24.0, \quad a_1 = 25.9, \quad a_2 = 27.7 \qquad (1.11)$$

のときの x, y を計算してみよう。ほとんど，間違い探し。数値は a_2 の数値が 27.6 から 27.7 となっただけである。

前と同様に，(1.9) に代入して

$$\begin{cases} x = \dfrac{(25.9)^2 - 24.0 \times 27.7}{2 \times 25.9 - 24.0 - 27.7} = \dfrac{6.01}{0.1} = 60.1, \\ y = 10000 \times \dfrac{2 \times 25.9 - 24.0 - 27.7}{25.9 - 24.0} = 526.3157\cdots \end{cases}$$

が得られる。(1.10) のときの結果と見比べて，どうだろう。観測データの少しの差異で x, y の値がかなり大きくずれたことに気づかれよう。

このように，解が誤差等による観測データの変化に対して敏感に動く状況を，解の誤差に対する鋭敏性 と言う。逆問題は，原因を定量的に求めるものである。そのために求めた解がささいな誤差のおかげで決定的に違ってくることは，厳密な計算から得られる答えが無意味で認めがたいものであることを意味する。この「誤差に対する鋭敏性」は，逆問題を解く上で，しばしば直面することになる。その原因は，逆問題の非適切性にある。

逆問題の非適切性。これは、問題が不適切という意味とはまったく異なる。線形に対し非線形というような対比を表している言葉である。この点を強調した上で、その意味を説明しよう。

20世紀の中葉までは、数学の問題は、解が存在し（存在の保証）、ただ1つであり（一意性の保証）、問題設定の条件における微細な変動は解の変動に多大な変化をもたらさない（安定性の保証）の3つが備わっているものが適切なものであると考えられてきた。そこで、この3つすべてが保証される問題を、適切問題と言う。

順問題は、一般に適切問題であることが多い。上の放射性物質の順問題も、適切問題だ。解 a_n は (1.3) で定まり、問題設定の条件（= 原因）にあたる120と200の数値が少々動いても、結果の a_n に多大な変化をもたらさない。

これに対し、数学的に自然な、あるいは現実的に重要な逆問題の多くが、適切問題の限りにない。そのことが、20世紀以降、だんだんと認識されてきた。逆問題では、求めるべき未知量は原因、すなわち法則を適用するために必要な要素である。観測データに対し、原因の存在、一意性、安定性の1つでも保証されないとき、その逆問題は非適切であると言う。

むろんすべての逆問題が、非適切性の問題を孕んでいるわけではない。また、一見非適切に見える問題が、ちょっとした工夫で適切問題として解かれ、その解が十分に現実的意味を有する場合もある。ゆえに、非適切性は、逆問題の一部にのみあてはまる。しかし、非適切性は問相としておきたい。逆問題研究が新たな歴史展開を迎えるようになった1つの特筆すべき要因だからである。

● 問相 4 非適切性

　放射性物質逆問題は，この問相をもつ。(1.5) を解く上での障害は，すでに (1.6) で生じている。x の係数が 0，つまり

$$2a_1 - a_0 - a_2 = 0 \tag{1.12}$$

のとき，(1.6) の解は，右辺が 0 すなわち $a_1{}^2 - a_0\,a_2 = 0$ でない限り存在しない。(1.12) から $a_2 = 2a_1 - a_0$ だから，これを上の式に代入して，$a_1{}^2 - a_0(2a_1 - a_0) = 0$ となる。これより $(a_1 - a_0)^2 = 0$。よって $a_1 = a_0$ が得られる。これから $a_2 = 2a_1 - a_0 = a_0$ となるので，結論は以下の通り。

$$a_2 = a_1 = a_0 \tag{1.13}$$

　ここで示したことは何か。観測データが (1.12) となっているときには，(1.5) の解は，例外的な場合 (1.13) の時にしか，存在しないことである。したがって，データ a_0, a_1, a_2 すべてに対して逆問題の未知数すなわち現象の原因が存在するわけではない。

　それは，「観測データがけしからん！」「はい，すみません。観測データに代わっておわびします」ということにして，ここでは

$$2a_1 - a_0 - a_2 > 0, \quad a_1 > a_0 \tag{1.14}$$

としよう。そうすれば

$$a_0\,a_2 \leqq \left(\frac{a_0 + a_2}{2}\right)^2 < a_1{}^2$$

より，(1.5) の解 (1.9) は x, y ともに正となり，意味をもつ。めでたしめでたし。観測データの動く範囲を (1.14) のように制限して，存在と一意性が解決された。

本当にめでたいか？ 残念ながら，観測データの動く範囲を制限して存在と一意性の保証が得られても，安定性の保証はない。実際に，データ a_0, a_1, a_2 が (1.7) の分母 $2a_1 - a_0 - a_2$ が小さくなる方向に変動すると，その動きが微細であっても逆問題の未知数 x は大きく増大してしまう。こうして，(a_0, a_1, a_2) から x と y への対応には，安定性が保証されない。

安定性のために，さらに観測データの動く範囲を制限する手もある。観測結果から原因へのパスの定義域を制限するのだ。しかし，観測データがその定義域からはみ出さない保証はまったくない。そもそも，(1.14) ですら観測誤差の動きの方向を命じない限り，保証されまい。

このように逆問題が適切問題でないときには，求めるべき未知量は観測誤差に対し敏感であり，数学的な正しさを追求した結果，非現実的な解が得られてしまう。最善を求めた結果は非現実的。これはジレンマである。

だが，思い起こしてみよう。もとより問題に内在する地下水の放射性物質濃度推定の難しさが，順問題を逆問題と転換するだけで，手品のように消えるはずもない。この問題においては，設定を 180 度変えた逆問題が，しっかりと本来の難しさを受け止め，それを「誤差に対する鋭敏性」に凝縮した形で，見事に反映していると見るのが正しい。順問題ではおぼろげにしか見えなかった難しさの正体が，逆問題設定を経て，定量的に見極められるようになったと言うべきである。

そうは言っても，どうすれば良いのだ。数学的な解 (1.9) を

放棄しない限り，解の大きな変動は止めようがない。数学の限界と悟り，数学を用いることを放棄するのか。

そうではない。解の概念そのものを考え直すのだ。そうして数学を，単なる言語から深化させるのである。数学が自然そのものと，根幹の部分で結びついていることを信じてみよう。本書も，第7章で，この非適切性の問題に正面から立ち向かう。

研究に値する逆問題は，非適切性の問題には限らず，なんらかの意味で，できあいの学理では克服できない難題を突き付けてきた。そのたびに，科学者は既存の枠組みからの意識改革を行うことになる。自然現象に難題を突き付けられた古典物理学が，量子力学や相対性理論へと殻を破ったように。時代的にも，ちょうど，量子力学や相対性理論の黎明期から統一理論の創出を迫られている現代までと重ね合わせることができる。

この意識改革との関連で，逆問題の研究の手順は，通常の，いわゆる順問題の手順とは，かなり異なっている。ある意味で存在の問題（観測データがあるべき集合の決定問題）は，最後の問題と割り切り，一意性（同定可能）と安定性の問題ならびに，具体的に解すなわち法則を適用するために必要な要素を求める手順（再構成法）の構築を優先させてきた。存在の問題を後回しにした結果，まず，未知量を決めるのに観測データがどれだけあれば十分かを調べることになる。それを同定の問題と言う。それゆえ，一意であることを，逆問題では <u>同定可能</u> と表現する。

■演算の方向

　放射性物質の逆問題に非適切性が生じたのはなぜか？　その計算上の理由は，(1.5) から (1.7) に至る演算をみればすぐにわかる。順問題が足し算・掛け算だけで解かれたのに対し，逆問題の方では，引き算・割り算が用いられる。その結果，小さな数で割る必要が生じたのだ。

　そして，(1.5) から (1.7) に至るステップは，連立 1 次方程式を解く演算とよく似ている。片方の未知数を消去するために引き算・割り算が必要なのだ。とすると，連立 1 次方程式も逆問題か。

　基本的にはその通りというべきであろう。少なくとも，連立 1 次方程式の未知量が直接観測できない場合には，連立 1 次方程式は逆問題の規定に合致する。

　連立 1 次方程式の雛形(ひながた)は鶴亀算。「鶴と亀が合わせて 35 匹，足の数が合わせて 94 であるとき鶴と亀はそれぞれ何匹」という，おなじみの問題だ。これは，このように書いてしまうと，まったく逆問題に思えない。鶴でも亀でもいいから，さっさと数を数えてしまえばそれまでだ。鶴と亀の数を知るためにわざわざ足の数の合計を観測しようとは，誰も思わない。

　鶴亀算の原型は，中国の 3～4 世紀頃の数学書，『孫子算経(そんしさんけい)』にある。その下巻，第 31 題

> 今有雉兎同籠，上有三十五頭，下有九十四足。問雉兎各幾何。

である。漢文が懐かしくて，原文のまま載せてみた。高校の時，漢文はちんぷんかんぷんであったが，あの時習った漢文

に比べれば、これは簡単明瞭だ。雉はきじ。きじも鳴かずば撃たれまい。雉不鳴，不撃。これはてきとーに作っただけ。

兎はうさぎ，籠はかご。とくれば

> きじとうさぎが同じかごに入っている。上を見ると頭が35あり、下を見ると足が94ある。きじとうさぎはそれぞれ何羽か？

とでも訳せよう。雉兎同籠問題と言う。答えは、雉が23羽、兎が12羽。

原型の方は、動物園で上と下以外は見えていないような感覚がある。それゆえに、内部を探るような問相をもっていて、逆問題のにおいがする。めでたいからと言って鶴と亀に置き換えた瞬間に、逆問題のにおいは完全に消えている。

連立1次方程式そのものが逆問題かと問うことに、ほとんど意味はない。しかし、連立1次方程式に帰着される逆問題は多い。そして、順問題を解くのは足し算・掛け算、逆問題を解くのは引き算・割り算という感覚は完全に正しい。以下、本書で見る逆問題の解析法（逆解析）は例外なくこの感覚に合致する。

それは当然だろう。逆問題の規定を思い出して欲しい。積み重ねで得られた包括（結果）は、足し算・掛け算で得られる。それから要素（原因）を決定あるいは推定するのが逆問題とくれば、逆解析で用いられる演算は、足し算の逆演算である引き算と掛け算の逆演算である割り算となる。

足し算・掛け算の一般化された演算は積分である。毎分 2 km で 47 分間走る。走った距離は $2 \times 47 = 94$ km。人間の

足では無理という以前に，一定の速さでこれだけ走るのは豹でも無理。一定していないから，毎分 v km の v は時刻による。つまり $v = v(t)$ と時刻 t の関数である。さて，毎分 v km で $t=a$ から $t=b$ まで走ったら，走行距離は？ というときに，$\int_a^b v(t)dt$ と答える。これが積分。前にも，CT の話で登場した。

この $\int_a^b \square(\sharp)d\sharp$。これは，極限操作を経ているのでわかりづらいが，もともと足し算と掛け算である。したがって，積分 $\int_a^b \square(\sharp)d\sharp$ の中の $\square$ の正体を明らかにする問題は，連立 1 次方程式と同様に，直接的にあるいは間接的に，逆解析に現れる。この積分記号の中身 $\square$ の要素を求める問題を積分方程式と言う。

逆問題に現れる積分方程式を解くために，ある種の微分を使う。これも演算の方向から見れば，当然である。以上を表にまとめておく。

表1.1　演算の方向

問題	演算
順問題	足し算，掛け算，積分
逆問題	引き算，割り算，微分

それでは，ニュートンが微分法（流率法）を創出したのは逆問題を解いたのか。実は，それは正しい。ニュートンは現象から力の正体を 2 階導関数と看破したのであるから，まさに逆問題を解いたのである。この逆問題が解かれた後に順問

題の研究が主流となり、その順問題研究の行き詰まりや矛盾から、現代逆問題研究が新たに萌芽した。歴史をざっくり見れば、そういうことになる。

■重力探査

積分方程式が逆問題とどのように関わるのか。重力探査を例に考えてみよう。重力探査は、地表で測定した重力の値から地下の密度分布を推定する探査である。電気探査、磁気探査、電磁探査、地震探査などと並ぶ物理探査法の1つで、金属資源や石油等エネルギー資源を広域に探す際に用いられてきた。石油鉱脈に目星をつけるイメージだ。物理探査は、逆問題の典型であり、内部を探る問相ももっている。

重力探査における法則は、ニュートンの万有引力の法則

$$F = G\frac{Mm}{R^2}$$

である。2物体間に働く力の大きさ F は、2物体の質量 M、m の積に比例し、物体間の距離 R の2乗に反比例するという内容である。G は定数で、万有引力定数と呼ばれる。G の値は、万有引力の法則の発見から100年以上もたって初めて、ヘンリー・キャベンディシュ（1731–1810）によって、決定された。

キャベンディシュの実験は中学か高校で、ねじり秤の実験という名で教わった記憶がある。ずいぶん古めかしい名前だ。今は、何と言うのだろう。本題から逸れるので本代返せと言われる前に済ませるが、これも逆問題を解いている。

キャベンディシュは、ねじり秤を用いて質量 M の鉛玉と質

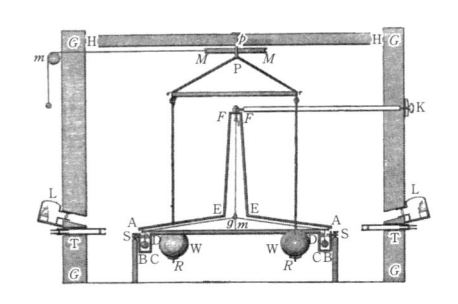

図 1.4 ねじり秤の実験

量 m の小球に働く力 F を測り G を定めたのだ。F さえ測ってしまえば，あとは万有引力の法則を

$$G = \frac{FR^2}{Mm}$$

と変形するだけで G の値が求められる。万有引力 F は，分割された 4 つの要素（原因）M，m，R，G の包括（結果）で，規則（法則）は万有引力の法則。この包括である F の定数 G の値を定めたのだから，キャベンディシュの万有引力定数の決定は，逆問題の規定に合致する。ただし，法則を逆に解けば完了だから，逆問題としては，ほんの肩慣らし。

キャベンディシュはもともと，地球の質量決定の目的で，ねじり秤の実験をしたので，自分の実験装置を「地球の秤(はかり)」と呼んだ。いいなーこの名前。G さえ決定してしまえば，M の決定はできたも同然。だから，誇大広告ではない。

肩慣らしはこれくらいにして，本代，もとい，本題に戻ろう。地球上の重力は，どこでも一定というわけではない。地

下の地層密度が大きければ重力の値は大きくなり，密度が小さければ値は小さくなる。それは，万有引力の法則からの当然の帰結だ。

地下に原油の層があれば，岩石の代わりにそれより軽い油分が地層を占めるから，その場所の重力は小さくなる。全体の値から見れば小さな値かもしれないが，標準の地質構造からの偏差としては歴然と現れる。これを重力異常と言う。

実際の重力探査では，重力測定値に高度と地形の影響を考慮した補正を行い，その後に標準重力を差し引いたブーゲ異常（ブーゲ重力とも言う）が測定値として用いられる。石油の層の引力は標準重力より小さいから，そこではブーゲ異常は負の値を示す。これは，負の重力異常とか負のブーゲ重力と呼ばれる。また，ブーゲ異常の等高線表示を重力異常図あるいは重力分布図と言う。

重力探査の原理を見るのが目的だから，話を単純にしてみよう。調べたい地下の上空を，重力測定器を搭載して，小型飛行機でまっすぐ飛ぶ。

飛行機から一定の距離 d の地中直線上に，重力異常の原因となる不均質な地層密度がある（図 1.5 参照）とする。不均質だから，一定ではなく場所 t の関数である。単位長さあたりの密度異常，すなわち通常の質量との差を $f(t)$ と書く。

まず，密度異常 $f(t)$ を既知として飛行機が p の位置にいるときに，重力測定器が計測するブーゲ重力値 $g(p)$ を求めてみよう。これは，順問題を解くことに相当する。

p の点と t の点との距離の 2 乗は $(p-t)^2+d^2$ である。これは，ピタゴラスの定理。さて，$f(t)\Delta t$ が Δt のところの異常質量を与える。地層のこの部分が p の場所の重力測定器に

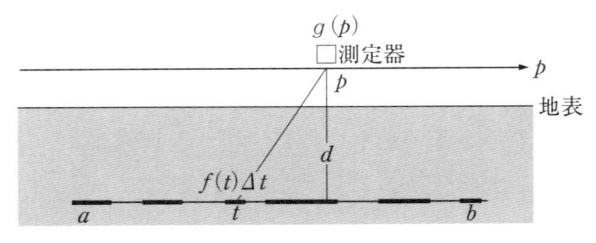

図 1.5　重力探査の模式図

ある質量 1 に働く引力の異常分 $F(t)$ は，万有引力の法則により

$$F(t) = G\frac{f(t)\Delta t}{(p-t)^2 + d^2}$$

となる．

重力測定器はこの鉛直成分を計測する．この成分は $F(t)$ に，p の点と t の点との距離 $\sqrt{(p-t)^2+d^2}$ 分の d を掛ければ求められる．よって

$$G d \frac{f(t)\Delta t}{((p-t)^2 + d^2)^{\frac{3}{2}}}$$

が，t のまわりの微小長さ Δt における密度異常が引力の鉛直成分に及ぼす異常分となる．

重力測定器が結果として出す重力異常の数値は，各 t のまわりの微小長さ Δt から受ける上の量の総和であるから，積分

$$G d \int_a^b \frac{f(t)}{((p-t)^2 + d^2)^{\frac{3}{2}}} dt$$

で与えられる。これが重力測定器が p のところにあるときにはじき出すブーゲ重力の値である。以上により，順問題の解すなわちブーゲ重力は

$$g(p) = G\,d \int_a^b \frac{f(t)}{((p-t)^2+d^2)^{\frac{3}{2}}}dt \tag{1.15}$$

で与えられる。

ここまでが順問題。逆問題は

【重力探査逆問題】 ブーゲ重力 g から密度異常 f を定めよ

となる。構図を書けば

密度異常 ◀──法則── ブーゲ重力

である。数学の言葉で言えば，g を既知として，何らかの計算により f を求めよと定式化される。これは積分記号の中にある要素 f を求める問題で，このように考えるとき (1.15) は積分方程式と呼ばれる。

(1.15) は

$$\int_a^b K(p,t)f(t)dt = g(p) \tag{1.16}$$

の形に書くことができる。この形の積分方程式は，第 1 種フレドホルム積分方程式と呼ばれる。

■積分方程式と逆問題

積分方程式は，逆問題と密接な関わりをもつ。積分方程式

は主に数学の中で働くので地味であるが，実社会で活躍する現代逆問題の世話を実に良く見ている。その関わりの典型は，第8章の散乱の逆問題に見出せるが，まずここで積分方程式の血筋を調べておこう。

積分方程式の系譜を辿(たど)ると，積分変換に行き着く。しかし，積分方程式は，直近でいえば，微分方程式と古典逆問題の子供である。その積分方程式の子供（関数解析）は，独り立ちして疎遠になっている。そのせいか，積分方程式は，今では甥(おい)っ子にあたる現代逆問題の面倒を見る方が多い。

積分方程式は微分方程式の子供だから，数学の素性はすこぶる良い。どこか凛とした気高さを持つ。しかし，一方で逆問題の DNA を持つから，逆問題の問相も持っている。憂いを含んだ，非適切性の顔も見せる。その憂いは (1.15) にも認められる。そんな，気高さのなかに憂いを見せる積分方程式の魅力を，海洋物理学者の日高孝次（1903–1984）は，次のように表現した。

「積分記号というレンズで歪曲(わいきょく)された映像を通じて物の正しい相を見出さうとするのが積分方程式の問題である。恰(あたか)も吾人(じん)が五官器を以(も)って自然を観察しその中に隠れている物それ自身を判断しようとする努力に似ている。五官器は物それ自身を決して正しく表現して呉れない。従って吾人は五感に感じた事象，即ち歪曲された映像を見るのみである。認識論に於いては，五官器の性能が闡明(せんめい)されない以上，物それ自身は結局不可知のものであるが，積分方程式論においては，あたかも五官器やレンズに相当する核なる関数の性質を充分究明することに依って，歪曲された映像を修正して物の真の像に導くことが出来るのである。積分方程式の魅力は茲(ここ)にもある

のではあるまいか」

　この一文は，日高が 1943 年に刊行した『応用積分方程式論』（河出書房）の序文からの引用である．原文のまま載せたかったのだが，先の漢文に続き文語体の登場になりそうだったので，一部漢字等を改めた．文中の核なる関数とは，第 1 種フレドホルム積分方程式 (1.16) の K の事を言う．

　日高は，先駆的な海洋物理研究を展開した研究者である．逆問題という用語も発想も定着する前に，いちはやく海洋の逆問題的研究を行っている（第 5 章参照）．おそらく，逆問題を解くために必要に迫られて，積分方程式の理論や数値解法の研究を行ったのであろう．実際に，『応用積分方程式論』の序文に引き続く第 1 章や第 8, 9 章では，流体や地震波に関する逆問題など，実に多くの逆問題が積分方程式の例として取り上げられている．また，照明学の逆問題として，(1.15) と同じ構造をもつ積分方程式も扱っている．

　積分方程式が逆問題研究に果たすべき役割．日高はこれを，逆問題が市民権を得ていないこの時代に，予言している．少なからず，驚きである．そして，日高の言うところの，物の真の像は「自然」を連想させる．本書も一旦，逆問題の規定の殻を破ってみよう．

第 2 章 史上最大の逆問題

宇宙から見たユカタン半島とメキシコ湾
NASA

■逆問題の哲学

　分割された要素達の包括（結果）から要素（原因）を決定する問題，これが，本書における逆問題の規定である。だが，逆問題の規定は分野や人に依るから，問相いろいろ，逆問題もいろいろである。法律が国によって異なるように，規定はところ変われば品変わる。若干のずれが生ずるのは当然だろう。

　そもそも逆問題の概念すら，独立してから日が浅いので，定義とか規定が確立されていない。実は，そのことが逆問題研究の魅力につながる。何でもありとは言わないが，きわめて自由だ。

　規定がおぼつかないときは哲学に立ち返る，これが基本だ。自由を束縛したくなければ，性善説に立脚する哲学が良い。

$$\boxed{自然} \xleftarrow{\quad 法則 \quad} \boxed{現象}$$

　どうです。性善説に立ってみたから，実にシンプル。これが本書における，逆問題の哲学だ。

　シンプルと喜んでばかりもいられぬから，太い哲学を，細くしない程度に補足しよう。もちろん，現象と書いたのは，観測された現象を言う。観測された現象から得られたグラフ，模様，関数，量，数値も現象のうちに含めよう。現象から得られた公式，これも仲間に入れよう。とにかく，自然に起因するものは，すべて現象の仲間にする。人間が傲慢に引き起こしたこと以外，使えるものなら，何でも良い。これらを上手に用いて，自然の声をつぶさに聴くのだ。

　恐竜の絶滅もまた，自然の何らかの痕跡である。それは，今からさかのぼること，6500万年。中生代白亜紀（クレタ

紀) と新生代第三紀 (Tertiary) の境界で起きた。この境界を、K–T 境界という。K の方は独語の Kreide に由来する。意味は白墨（チョーク）。発音は，暗いで。

境界という言葉は，地層に対しても用いられる。たとえば，イタリアのグッビオという町近くにある，海から隆起した地層。この地層は，白亜紀の石灰岩と第三紀の石灰岩に挟まれた赤茶けた 1 cm にも満たない粘土層を，くっきりと露頭する。この粘土層も K–T 境界だ。いや，それは話があべこべだ。もともと年代は，地層から決められたのだから，こっちが本家。ご地層様に失礼であろう。

イタリア中部の町グッビオ
Marka/PPS 通信社

今日買いに行った「シベリア」というお菓子は，羊羹だか小豆飴だかの部分が極端に薄いので，この地層を連想した。下のカステラ部分が白亜紀末の石灰岩，上のカステラ部分が第三紀はじめの石灰岩，そして中の羊羹もどきが K–T 境界

である。

　恐竜絶滅原因究明の歴史も長い。生物の種としての寿命説，気候変動とりわけ寒冷化によって徐々に個体数が減ったとする説，火山噴火説，隕石衝突説，さまざまな説が唱えられてきている。太陽系近くで星が爆発して超新星となり，地球規模で大規模放射性物質汚染が起きたなんて説もあった。書けばきりがないけど，説を唱えるだけなら何でもありだ。タイムスリップが可能にならない限り，誰も嘘だとは断言できない。恐竜のおならから出る大量のメタンガスで，自業自得。こんな説は無い。へーてなもんだ。

　そもそも，絶滅が徐々に進んだものか，天変地異の激変だったのか，それだって18〜20世紀の3世紀にまたがる論争だ。ダーウィンの進化論の影響もあって，1850年頃からは漸進説が激変説に対し優位に立っていたが，現在は激変説急先鋒の隕石衝突説が大優勢というのだから，なにやら，光の波動説と粒子説の論争を彷彿とさせる。

■衝突仮説

　荒唐無稽（こうとうむけい）と思われていた隕石衝突説に急浮上のきっかけを与えたのは，1980年6月に学術誌『サイエンス』に発表された論文「白亜・第三紀絶滅の地球外原因」である。著者は，ルイス・アルバレス，ウォルター・アルバレス，フランク・アサロ，ヘレン・ミッシェルの4名。いずれもカリフォルニア大学バークレー校所属とある。

　タイトルが眼を惹くが，論文中の「要約」も鮮烈である。ちょっと長いが，そのまま引用しよう。文頭の白金系金属は，イリジウム（原子番号77），白金（原子番号78）などのグルー

プを指す。

「白金系金属は，宇宙で豊富であるのに比して，地球の殻では枯渇している。したがって，深海堆積物におけるこれらの含有濃度は，地球外からの流入量を表示する。イタリア，デンマーク，ニュージーランドの露頭した深海石灰岩におけるイリジウムは，まさに6500万年前の白亜・第三紀絶滅時に，通常の地表上の，それぞれ，約30倍，160倍，20倍の値を示す。これらのイリジウムが地球外由来による根拠を与えるが，それは，地球近くの超新星に因るものではない。絶滅とこのイリジウム観測を説明する1つの仮説が示唆される。地球と交差した巨大な小惑星の衝突は，この物体の質量の約60倍を粉砕岩として大気中に放出する。この塵の一部は，何年も成層圏に留まり世界中に分布する。結果としてもたらされる暗黒は光合成を阻害し，そこから予想される生物学的帰結は，古生物学の記録上観測された絶滅に，非常に良く合致する。この仮説の1つの予言が，確認された。すなわち，成層圏の塵に由来すると考えられる境界での粘土層の化学組成は，白亜紀と第三紀の化学的には互いに類似の石灰岩と混合した粘土層の組成とは，明らかに異なっている。小惑星の直径の4つの異なる独立な推定値は，$10 \pm 4\,\mathrm{km}$ の範囲内にある」

　堂々たる論陣である。論文の要点を，単純に，しかも大きく描き切っている。無駄な粉飾がなく，一語一語が緻密に配されており，どこか気品すら漂う。説得力は，このように書くことによって，はじめて生まれるのだろう。

　登場する科学種も半端でない。まさに科学のデパートだ。物理，化学，地学，生物，総出でお迎え，恐縮である。生物学は過去を訪ねる古生物学だ。論文の中では，天文学も海洋

学も登場する。これらも，重要な役回りだ。否，この論文の中には，端役なんて存在しない。さらりと顔を見せる役者ですら，名優だ。友情出演を装い，渾身の演技をする。つまらなかろうはずがない。大きな舞台で，登場人物全員が生き生きと持ち場を演じているのである。舞台装置で，火山の噴火。これも突然，主役に化ける。

改めて「要約」を見てみよう。1968年に素粒子分野への貢献によりノーベル物理学賞を受賞した，ルイス・アルバレス（1911–1988）の作であろうか。それとも，地質学者ウォルター・アルバレス（1940–）との合作か。合作ならばK-T境界，あるいは「シベリア」の羊羹の如き線が残るのだが，それがまったく見られない。父子のDNAが境界線を消し去ったとも考えられる。果たして，鑑定やいかに。

小惑星の衝突（インパクト）は仮説である。その立場は，論文の末尾まで貫かれており，恐竜絶滅の原因は小惑星の衝突だという著者の主張は，ぎりぎりのところで封じ込められている。衝突はあくまで仮説である。そして結論は，この仮説に基づく小惑星直径の推定値，6～14 kmである。

■地層からの隕石推定

この点を読み取れば，「要約」はさらに次の逆問題の構図に要約される。

| 小惑星の直径 | ←仮説— | 境界地層データ |

「要約」中にあるように，著者は，4つのまったく異なる方法で上の逆問題を解き，4通りの解，6.6 km，10 km，7.5 km，

14 km を論文の最後で提示している。この4つのうち,逆解析すなわち逆問題の解析の感じが最も現れているのは,直径 6.6 km をはじき出した方法だ。これを検証してみよう。

この方法では,観測データは,グッビオの境界地層におけるイリジウムの表面密度 s である。具体的な数値は,$s = 8 \times 10^{-9}$ g/cm^2。これは,地層の面積 1 cm^2 にイリジウムが何グラムあるかを意味する。当時最新の微量元素分析器を用いたのだろう。研究費がないと,機器を買えない。大変な危機だ。

さて,衝突小惑星の質量を M とし,この小惑星におけるイリジウムの組成比を f とすれば

$$Mf = sA$$

が成り立つ。ここで A は地球の表面積。組成比 f には,典型的な太陽系物質中のイリジウムの比率を用いて,$f = 0.5 \times 10^{-6}$。割合だから,単位はいらない。話のスケールはとてつもなく大きい。衝突小惑星が放出したイリジウムを地球上にまんべんなく塗ったら,単位面積あたり s という意味だ。しかし,式は簡潔の極み。1 cm^2 に収まる。

$Mf = sA$ の左辺が,衝突小惑星が持っていたイリジウムの質量。そして右辺が地表に受け渡された分。ここまでくれば,あとは電卓だ。電卓買えなくても,全然危機感はない。手計算で済む。

M は衝突小惑星の質量である。よって,M に組成比 $f = 0.5 \times 10^{-6}$ を掛ければ,それが地球に塗られたイリジウムの質量だ。一方,s と A の数値はわかっている。とすれば,イリジウムの分を含めた衝突小惑星の質量は,$Mf = sA$ の両辺

を f で割って

$$M = \frac{sA}{f}$$

で求められる。こうして，アルバレスらが出した小惑星の仮の値は，7.4×10^{16} g である。

しかし，よく考えてみよう。衝突小惑星が地球に衝突した際に放出したイリジウムがすべて地球に塗られるはずはない！　当然ながら，飛散して地球の成層圏外に飛んでいったイリジウムもある。とすれば，はじめに小惑星が持っていたイリジウムはもっと多い。よって，小惑星は 7.4×10^{16} g より重い。どれくらい重いのかを知るためには，イリジウムが飛散した割合を割り出す必要がある。衝突小惑星が持っていたイリジウムのうち，いったい何割が地表に留まったのだ。うーむ，危機である。

アルバレスらは，この危機を，火山島クラカトアにおける 1883 年の大爆発との比較考証を用いて，乗り切った。クラカトアはジャワ島とスマトラ島の中間にあるスンダ海峡の島である。この島で起きた 1883 年 8 月 26 日，27 日の噴火は，地質学史上 5 本の指に入る火山爆発だ。噴火による噴出物は $18\,\text{km}^3$ におよぶ。大気中に噴出した火山灰は，皮肉にも，世界中に美しい夕焼けをもたらしたという。

この $18\,\text{km}^3$ のうち，地球に平均的にばらまかれるのは，成層圏に留まった分に由来する。その数値は $4\,\text{km}^3$ である。このデータは「クラカトア噴火に関する調査記録」（1888 年出版）に基づいている。$4 \div 18 = 0.22$。論文では，クラカトア分数と呼んでいる。

第2章 史上最大の逆問題

　アルバレスらは，このクラカトア分数を地表に平均的にばらまかれたイリジウムの割合として，用いたのである。これにより，もともと小惑星が持っていたイリジウムは，前の sA の $\dfrac{1}{0.22}$ 倍になり，結局，小惑星の質量 M は，前に求めた値 7.4×10^{16} g を 0.22 で割って $M=3.4\times10^{17}$ g。これが，アルバレスらが得た小惑星の質量である。3400 億トン。とんでもなく重い。

　質量がわかればあとはらくちん，軽い軽い。小惑星の主組成成分は珪酸塩鉱物。その標準的な密度 $2.2\,\mathrm{g/cm^3}$ を用いて，小惑星の体積が得られる。すなわち，3.4×10^{17} を 2.2 で割った値が小惑星の体積だ。そして，球の体積の公式 $V=\dfrac{4}{3}\pi r^3$ を用いて，この小惑星の半径 r が計算される。その 2 倍が，結論の 6.6 km である。

　クラカトア分数を用いたのは，やむを得ぬ代用と言えよう。小惑星衝突の際の飛散の記録などあるはずもない。したがって，成層圏に留まった分の拠り所を，火山噴火の記録に求める以外，手がなかったのだ。小惑星衝突と火山噴火とで性格が異なるのは，アルバレスらも，重々承知の上だ。だからこそ，4 つの解法による 4 つの解を求めたのだ。

　この逆問題の解がどれくらい正しいか。それは，自然が判定する他ない。しかし，独創的な方法で，道を切り拓いたことは高く評価すべきである。そして，独創的な方法の原理は，逆問題の発想に支えられていた。

　ともかくこれは，時間空間スケールの大きさで見れば，史上最大の逆問題であろう。

■衝撃の論文

 衝突仮説。それは，文字通り，科学者たちに衝撃を与えた。衝撃の論文と言うべきであろう。実際に，この仮説に関して発表された論文は，その後の10年間だけでも，2000本に上る。

 衝撃は，衝突も引き起こした。それまで，営々と絶滅漸進説を築きあげてきた地質学者と古生物学者は，猛然と小惑星衝突説に反発した。当然であろう。まったくの新参者である物理学者が，核化学者の最新分析を引っ提げて，道場破りに来たのだから。

 論争は，主に火山活動説との間で行われた。火山活動が，温室効果による地球温暖化を引き起こし，その結果恐竜が長い時間の後に絶滅したというストーリーは，地質学者と古生物学者にも受け入れやすい説である。イリジウムが火山の爆発によって大気中に噴出された可能性は，皆無とは言えない。地殻では枯渇しているイリジウムだが，火山が地殻を貫通してマントル上部にまで達している場合には，イリジウムが噴出することだって考えられないわけではない。

 隕石衝突と火山噴火を見分ける判定法の1つは，衝撃変成石英の有無である。隕石の衝突現場あるいは，核爆発の実験場では，石英の結晶中の原子配列が乱れる。高倍率で拡大してみれば，刀傷のような線が何本も刻まれているのが確認できる。衝撃で岩石が復元不可能な状況にまで変形され，多重的な面状変形を破壊の爪痕として残すのだ。この衝撃変成石英がK–T境界層から発見されれば，隕石衝突がK–T境界の年代に確かにあった証拠になる。

 衝突の隕石が小惑星か彗星か。これも，アルバレスらの論文では不明だ。彼らがこの当時，仮説において小惑星を選択

したことに，特段の根拠があったわけではない。汚れた雪だるまに例えられる彗星は，地球の上空で消滅しやすく現実性に乏しい。単に，その程度の根拠に依っていた。

衝撃の論文の成果を再度記せば

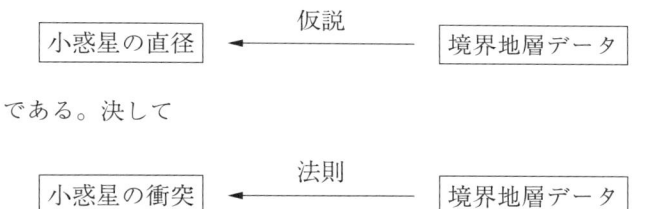

$$\boxed{\text{小惑星の直径}} \xleftarrow{\text{仮説}} \boxed{\text{境界地層データ}}$$

である。決して

$$\boxed{\text{小惑星の衝突}} \xleftarrow{\text{法則}} \boxed{\text{境界地層データ}}$$

ではない。したがって，アルバレスらの論文は，様々な問題提起を必然的に内包していた。当然，学問分野を超えて，恐竜絶滅の問題に新たに参入する研究者も少なくなかった。また，研究対象はあらゆる分野に飛び火し，分野の枠を超えた研究グループがいくつも誕生した。

分野を超えて提起された問題の中でも，最大の，そして喫緊の課題は，クレーターの発見である。しかもこのクレーターは，直径 10 km にも及ぶ大きな隕石に見合う必要がある。すなわち

$$\boxed{\text{クレーターの位置}} \xleftarrow{\text{法則}} \boxed{\text{小惑星の直径}}$$

である。法則は，すぐに与えられた。直径 10 km の隕石の衝突に見合うクレーターの直径は 150〜180 km の規模。これは，クレーターの専門家が，理論と実験から割り出した結論だ。

当時，候補となるクレーターは 3 つだけ。サドベリーク

レーター（カナダ）とフレーデフォートクレーター（南アフリカ），この2つは直径140 km。そしてポピガイクレーター（シベリア），こちらは直径100 km。しかし，前の2つは先カンブリア時代のもので古すぎる。また，ポピガイクレーターは，いくらなんでも，小さすぎた。したがって，この逆問題は未解決問題として厳然と残った。そのことが，隕石衝突説の最大の弱点であった。

一方火山噴火説の陣営には，直接証拠はない。だが，状況証拠は揃いつつあった。インド西部の広大なデカン溶岩台地の玄武岩がK-T境界と同じ古さであることが確認されていたのだ。

ウォルター・アルバレスは後年，次のように述懐している。「科学的仮説はきわめて疑い深い批判を受け，厳しい試練にさらされるものだ。試練は，そのまま激化していき，衝突仮説はじつに過酷な試練をくぐり抜けなければならなかった。私たちが必死で何が起こったかを解き明かそうとすればするほど，自然は頭を働かせて，アリバイや人を惑わせる手がかり，偽りの痕跡でできた迷路をつくりあげているように思えた」

アルバレスらも，異なる分野から集合した科学者で形成された小グループに属していた。そのグループによる1回目の会議は，1981年秋にユタ州スノーバードで行われている。その時点でも，クレーターは見つかっておらず，彼らは焦燥感を募らせた。一体どこに，そんなに大きなクレーターがあるというのだ。

■恐竜絶滅のクレーター探し

衝突小惑星の直径あるいはその小惑星の残したK-T境界

地層の痕跡から，そのクレーターの位置を特定する逆問題。それが解かれるべき問題であった。しかし，この逆問題が直接解かれることはなかった。むしろ，まったく異質な逆問題が間接的あるいは傍証的に割り込む形で，解かれたのである。

1991年9月。1つの論文が学術誌『Geology（地質学）』に掲載された。スノーバードで行われた会議から，丁度10年の歳月が流れていた。10年も，と言うべきかもしれない。

論文タイトルは，「チチュルブクレーター：メキシコ・ユカタン半島上のK–T境界とおぼしき衝突クレーター」，著者は，アラン・ヒルデブランド，グレン・ペンフィールド，デビッド・クリング，マーク・ピルキントン，アントニオ・カマーゴ，スタイン・ヤコブセン，ウイリアム・ボイントンの7名。

チチュルブは，ユカタン半島北部台地の小さな村の名である。このマヤ語の由来は，定かでない。ヒルデブランドらは，台地の下に埋没したクレーターを，この村の名前を採ってチチュルブクレーターと名付けた。チチュルブは，クレーターのほぼ中心にあたるから，この名前は悪くない。

チチュルブの綴りは，Chicxulub。子音が連続する。しーん。しかし，20年前に半年ほど住んでいたウェールズに比べたらまだまだだ。ウェールズでは，子音が4つ，5つ続くのは日常茶飯事。世界一長い駅名は

LLANFAIRPWLLGWYNGYLLGOGERYCHWYRNDROBWLLLLANTYSILIOGOGOGOCH

だ。うーむ，1行では収まらん。駅は，アングルシーという愛くるしい島の中にある。住んでいたバンガーから程ない距離なので何度か行ったが，駅名はついに覚えられなかった。

Chicxulub くらいなら大丈夫。読みづらいからといって，英語読みでチクシュルーブなんて言ってはいけない。マヤ文明に失礼であろう。現地では，「チチュルブ」とか「チッチュルブ」と発音されているらしい。

　メキシコ湾の周りは，石油の産地として知られている。そのことを念頭に，チチュルブクレーター論文の要約を読んでみよう。

「メキシコのユカタン半島に埋没している直径 180 km の環状構造は衝突クレーターである。そのサイズおよび形状は，構造内およびその近辺で掘削された石油井戸及び磁気異常・重力場異常により，明らかにされる。そのクレーターの層序は，衝撃による変成作用の証拠である角礫岩（かくれきがん）の中に，狭在あるいは覆われた火成安山岩およびガラス質の堆積物層を含んでいる。火成安山岩は，K–T 放出物に見られるテクタイト（隕石衝突によってできたと考えられるガラス質体）の組成と類似の化学同位体組成をもつ。また，衝撃変成作用の証拠を含む 90 m の厚さの K–T 境界角礫岩が，クレーターの端の 50 km 外側に残っている。この角礫岩は，おそらくクレーターの放出による被覆物を表す。クレーターの年代は，正確には不明だが，K–T 境界の年代が指摘できる。クレーターは厚い炭酸堆積物層の中にあり，衝突の衝撃で産出された二酸化炭素は，過酷な温室効果による温暖化を引き起こしたのかもしれない」

　このクレーター発見の裏に何があったのか，歴然であろう。第 1 章で逆問題の典型例として，重力探査を取り上げた。そこで述べたように，これは石油埋蔵場所を探す調査の初期段階で行われる。石油井戸とあるのは，石油試掘用の井戸のことだ。1 km 以上掘られたものもある。ヒルデブランドらは，

この井戸から採取された地質試料を用いて，層序学的および岩石学的分析を行ったのだ。

井戸は1950年頃から，メキシコ石油公団（ペメックス）によって，何ヵ所（論文に現れたのは6ヵ所）も掘られている。したがって，石油公団は，遅くとも1940年代には重力探査を開始し，重力異常を発見したことになる。これらの探査や調査は，莫大な資金を要する。そして，言うまでもなく，すべての探査・調査結果は，国家的機密事項である。

だが，掘削は失敗に終わった。石油の鉱脈の感触が，まったく得られなかったのだ。公団は古い火山の跡と見做し，調査を打ち切った。結果は，莫大な金を井戸の中へ捨てたに等しい。井戸の坑口は，次第に封鎖され石油公団はこの地帯から撤退した。

無論，重力異常は発見されていた。しかも負のブーゲ重力が確かにあったのだ。でなければ，石油井戸が掘られるはずもない。あれは一体何だったのか。そう考える公団関係の物理探査研究者がいても，不思議はない。

著者の欄に名を連ねるペンフィールドとカマーゴは，そうした研究者である。一方，筆頭著者のヒルデブランドは，当時アリゾナ大学で博士論文作成中のカナダ人。まだ駆け出しの地質学研究者だ。しかし，彼はクレーターの位置特定の逆問題の解に限りなく迫っていた。ヒルデブランドのスーパーバイザーすなわち博士論文の指導にあたるのは，ボイントン。著者の最後に名がある。最後に重鎮が来るのは，よく見られるパターンで何の不思議もない。しかし，全体は良く言えば多彩，悪く言えば不揃い。どこか違和感を感じさせる陣容だ。

■チチュルブクレーターの直径

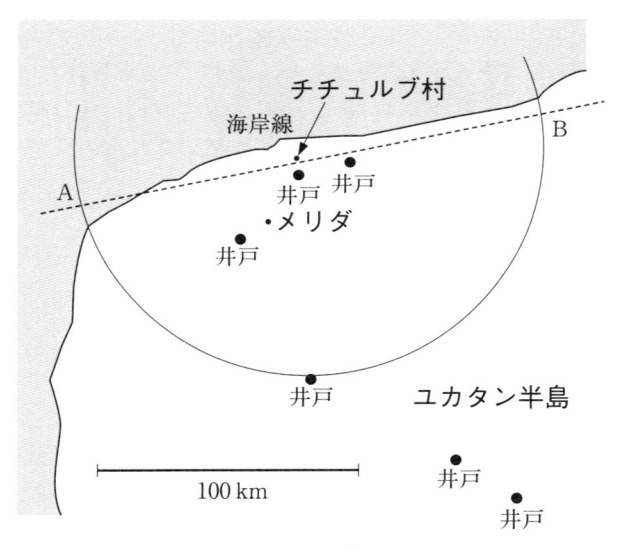

図 2.1　チチュルブクレーター

　論文では，クレーターの直径は180 kmと推定された。クレーターは，チチュルブ村を中心とする半径90 kmの円（図2.1参照）の中ということになる。

　ユカタン半島北部は，起伏の少ない台地である。陥没した孔(あな)に水が溜まった天然の井戸が，貴重な水源となる。「マヤの聖なる泉」とも呼ばれるこのセノーテは，円の縁にそって数珠をつないだように点在する。そしてマヤの遺跡は，その円弧に寄り添う形で，集まっている。

　さて，どのようにして180 kmを導いたのか，論文を調べ

てみよう。まず、重力分布図（等高線表示）を直線で切り、その直線上でのブーゲ重力の変化をグラフに表す。図 2.1 の点線。これが、論文で使われた直線の 1 つだ。ほぼ、海岸線に平行に走る。

ここまでで、この直線上を飛行したときの重力測定値のブーゲ異常のグラフが得られたことになる。そのグラフが、図 2.2 の曲線である。

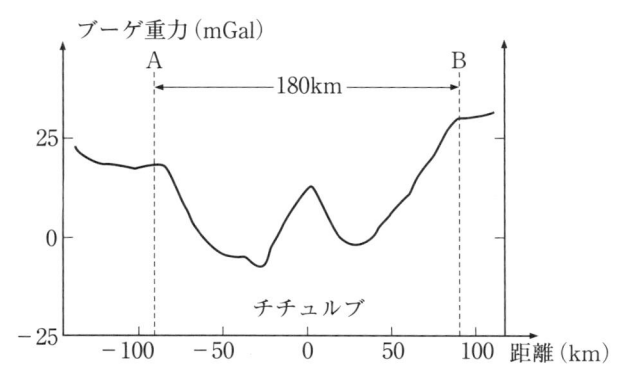

図 2.2　ブーゲ重力（ヒルデブランドら 1991 に基づき作成）

チチュルブからの距離が下の横軸に示した数値。縦軸は、ブーゲ重力。標準重力との偏差だから、その値が負の所は、そこでの重力測定値が標準重力を下回った場所である。縦軸の単位にある mGal は、$1\,\text{mGal} = 10^{-3}\,\text{cm/s}^2$ で重力加速度と同じ物理次元だ。

論文では、このブーゲ重力の変化が激しい個所の端にあたる 2 点 A と B の距離を求めた。それが、180 km の根拠であ

る。かなりアバウトではある。

　ブーゲ重力は，観測結果である。この観測結果の原因である地中の密度異常を求めるのが，重力探査における本来の逆問題である。しかし，チチュルブクレーター論文では，そこは論じていない。解いた逆問題は

| クレーターの半径 | ←——法則—— | ブーゲ重力のグラフ |

である。しかし，固いことを言うのはやめよう。現象から自然の声を聴く。これが，本章の初めに述べた逆問題の哲学だ。この哲学に照らしてみれば，上の問題も，十分に逆問題である。

　それより気になるのは，グラフの形であろう。クレーターと聞けば，どんと下がったお椀型のグラフを想像する。図2.2のグラフの中央の盛り上がりは何だろう。

　実は，クレーターの形は単純なお椀型とは限らない。大きな隕石の衝突によるクレーターは中央の盛り上がり（セントラル・アップリフト）をもつ。月面でも，直径20 kmを超えるクレーターでは，セントラル・アップリフトが確認されている。

　この盛り上がりに関しては，次のようなシナリオが考えられている。地球に向かう隕石が大きい場合，隕石は衝撃波でバラバラにされてしまう前に，地中深くもぐり込む。そして，地中で爆発し，地殻深部の高密度層を地表に向けて放出する。中央の盛り上がりはその結果である。

　チチュルブクレーター論文には，カナダのマニクアガンクレーター（直径100 km）のブーゲ重力図が載っている。マニ

クアガンクレーターは典型的なセントラル・アップリフトを持ち、そのブーゲ重力のグラフはやはり、中央が盛り上がっている。直径 180 km の推定は、このグラフとの比較に基づく。

■決定的証拠

チチュルブクレーター論文は、重力・磁気データの項でクレーターの直径推定を行った後に層序学、岩石学からの考察を行い、次のように断言する。「これらの地球物理学的、層序学的、岩石学的証拠は埋没した衝突クレーターの存在を強く示すものと信ずる」

ここまでは力強い。しかし、クレーターと K–T 境界の恐竜絶滅をつなげる論証は、これに比べると、少し弱い。特に、肝心のクレーターの年代が、明確にされていない。このため、論文の結語は、少しトーンが落ちる。「チチュルブクレーターはおそらく地球上の最大のクレーターである。その位置と岩石組成は K–T 境界に求められる多くの特性を備えている。この衝突は K–T 絶滅を引き起こしたかもしれない」この程度に収めている。

素直な感想を言えば、アルバレスらの衝撃の論文に比べて、完成度は落ちる。しかし、この論文には、それを補う迫力がある。題材がクレーターのせいかもしれないが、執念のようなものを感じる。天城越えの歌詞の如く、「くらくら燃える地を這って」K–T 境界を越えたに違いない。

話を論文の重力・磁気データの項に戻そう。この部分の内容は、物理探査研究者のペンフィールドとカマーゴによる報告に大きく依存している。この報告は、1981 年の地球物理探査学会第 51 回年会でなされたもの。タイトルは「中央ユカ

タン台地の大火成帯の空中磁気重力による明確化」とある。彼らは，この時すでに認識していたのだ。重力・磁気異常の原因が，地下に潜むクレーターであることを。

　なんということだろう。この地球物理探査の年会は，ユタ州スノーバードで行われていたアルバレスらの会議とちょうど同じ時期に，ロサンゼルスで開かれていた。スノーバードとロサンゼルス。この間のわずか2つの州境を越えるために，ペンフィールドとカマーゴもまた，10年の月日を耐えたのである。一方ルイス・アルバレスは，絶滅のクレーターの発見を知ることなく，1988年に亡くなっている。

　チチュルブクレーター論文の最後に，この論文のレフリーコメントが載っている。「提案する。長い間探されていた K–T クレーター，the smoking gun（決定的証拠）を」

第 3 章 振動の逆問題

19世紀に描かれた振り子時計のイラスト
Mary Evans／PPS通信社

■振動と順問題

　2011 年 3 月 11 日。東日本大震災を引き起こした地震が起きた時，品川にある大学の研究室で，ある逆問題に取り組んでいた。生まれてこのかた経験したことのない強烈な揺れが地震によるものであると認識したころ，当時その逆問題を一緒に研究していた大学院の学生（兼谷猛志君）が研究室に飛び込んできた。「先生，地震です。こんな部屋にいたら危険ですよ」

　一緒に屋外へ出ると，天王洲アイルオフィス街の高層ビルが，左右に大きく揺れるのが見えた。地震はうねりのように繰り返す。ビルの最上部の振れ幅（振幅）が大きくなると，右から左，左から右へと一振れするのに要する時間（周期）は長くなる。当然ながら，ビルよ元に戻ってくれ（復元せよ）とこちらが心配する時間も増える。程なくして，執拗な地震も収まり始め，やがてビルの揺れも終焉した。

　このときはまだ，この地震が東北地方を津波に巻き込み甚大な被害を及ぼすことになろうとは知る由もなかった。取り組んでいる逆問題は，あのビルの振れ幅と周期の関係からビルが直立に戻ろうとする復元力を求める問題に喩えられる。ただただ，そんなことを考えていた。

　物体に復元力（元に戻す力）が働くとき，物体は振動する。バネや振り子の運動が典型的な例だ。その運動は，物体の元の位置からの変位や振れの角度を u（文字は何でも良い，ここでは u としよう）で表すと，

$$\ddot{u} + g(u) = 0 \tag{3.1}$$

の形の方程式（運動方程式）で表される。ここで，$\ddot{u}$ は u の時間に関する 2 階微分，すなわち u の加速度である。この運動方程式を導き出すことは，復元力がどのような大きさをもつかを表し，運動の第 2 法則（質量×加速度＝力）を書き下すことに相当する。そして，こうして得られた運動方程式を用いて次の問題を解くことは，力学や微分方程式の授業の標準的な題材となる。

【問題】 復元力 g が与えられたとき，運動の周期と振幅の関係を求めよ。

この問題の構図は，次のようになる。

$$\boxed{\text{復元力 } g} \xrightarrow{\text{運動の第 2 法則}} \boxed{\text{周期と振幅の関係}}$$

ここまでくれば，ここで扱う逆問題が何であるか，推察されよう。しかし先を急がず，まず上の問題（順問題）について少し考えてみよう。

■バネの等時性

一般に，振動するものを振動子と言う。例として，バネを取り上げる。バネが固定した壁に水平にとりつけられて，摩擦力が無視できるような（スケーターにとっての理想的な氷のような）台の上にある（図 3.1 参照）とする。

このとき，バネの先端にとりつけられた物体に働く復元力の大きさは物体の変位 u に比例する。すなわち，比例定数を k と書けば ku と表される。これは，ロバート・フック（1635–1703）が実験結果から導いた法則であり，この比例定数をバ

← 運動の力 = $-ku$

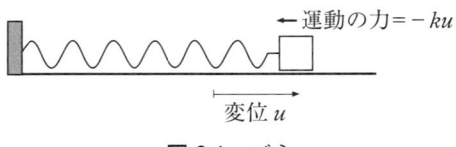

変位 u

図 3.1 バネ

ネ定数と呼ぶ。バネ定数はバネの材質には依るが時刻 t には依らないという意味で定数だ。もちろん、バネの弾性が強いものであればあるほど k は大きくなる。

加速度 $\ddot{u}$ に物体の質量 m を乗じたものが、運動の力に等しい。これが運動の第 2 法則の教えるところだ。復元力は運動の方向とは逆向きに働く。つまり $u>0$ なら図 3.1 のように左向きに働くし、$u<0$ なら右向きに働く。よってマイナスが付してある。こうして、次の運動方程式が得られる。

$$m\ddot{u} = -ku$$

この $-ku$ を左辺に移項して m で割って

$$\ddot{u} + \frac{k}{m}u = 0 \tag{3.2}$$

としたのが、(3.1) の形である。すなわち、バネの運動方程式は、(3.1) で $g(u) = \frac{k}{m}u$（単位質量あたりの復元力）とした場合に相当する。

この運動方程式にしたがう運動の周期を計算すると、周期 T は振幅の大小に関係なく一定であり

$$T = 2\pi\sqrt{\frac{m}{k}} \tag{3.3}$$

となる。これは，実は一般の振動の中ではかなり特殊な場合である。

このように周期が振幅に依らずに一定である性質を，<u>等時性</u>と言う。少し，補足すると，フックの法則はバネの変位が小さい場合にのみ，かつその時でさえ近似的に成り立つものであって，ニュートンの運動法則のような根源的な法則とは意味合いが異なる。したがって，正確を期して言えば，バネの運動が等時性をもつのではなく，運動方程式 (3.2) に支配される周期運動が等時性をもつと言うのが正しい。

■ 振り子の運動

もう 1 つ，振り子を例に挙げる。重力と振り子を支える糸の張力のつり合いのみで運動が支配される振り子を単振り子と言う。

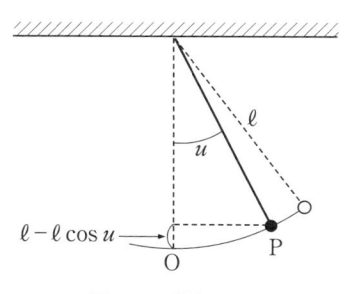

図 3.2 単振り子

単振り子の運動方程式は，糸の長さを ℓ，鉛直からの振れの角度を u として

$$\ddot{u} + \frac{\mathrm{g}}{\ell}\sin u = 0 \tag{3.4}$$

となる。角度には θ などの文字をあてるのが普通だが，ここでは，(3.1) に合わせて u を用いる。ただし，g は重力加速度 $\fallingdotseq 9.8\mathrm{m/s}^2$。

方程式 (3.4) は (3.1) において $g(u) = \frac{\mathrm{g}}{\ell}\sin u$ としたものになっている。この単振り子の周期が振幅とどういう関係にあるかをグラフにすると，図 3.3 のようになる。

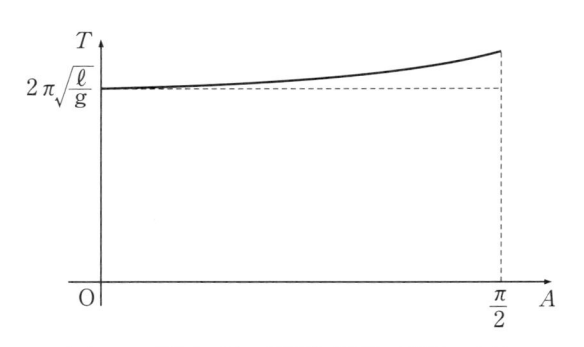

図 3.3 単振り子の周期と振幅の関係 $T(A)$

このグラフは，横軸に振り子の振幅 A，縦軸にその振幅に対応する周期 T を取り，周期を振幅の関数として表している。振幅が小さいときには，周期はほぼ一定だが，振幅が大きくなってくると，周期はそれにつれて大きくなり，振幅 $\frac{\pi}{2}$

（90°）のときは振幅が小さいときの 1.18 倍ほどになる。

単振り子に等時性が成り立つというのが，ガリレオ・ガリレイ（1564−1642）の振り子の等時性（1583 年）。これは，どこかで聞いたことがあろう。図 3.3 は，この振り子の等時性は正しくなく，振幅が小さいときにのみ，しかもそのときでさえ近似的に成り立つ法則であることを示している。

振幅が小さいときは，(3.2) で $\sin u \fallingdotseq u$ と近似すると，その方程式は

$$\ddot{u} + \frac{\text{g}}{\ell} u = 0$$

となる。これは方程式 (3.2) で $\frac{k}{m}$ を $\frac{\text{g}}{\ell}$ と変えただけだ。したがって，(3.3) より

$$T = 2\pi \sqrt{\frac{\ell}{\text{g}}}$$

が得られる。$\sin u \fallingdotseq u$ は，u が小さいときは，非常に良い近似である。このことを反映して，単振り子は，振幅が小さいときには等時性が成り立つように見える。ガリレオが，教会の中で揺れるランプに等時性があると思ったのも，已む無しと言うべきであろう。

■ホイヘンス振り子

単振り子が等時性をもたないことを是正して，真に等時性が成り立つ振り子を考案したのは，クリスティアーン・ホイヘンスである。ホイヘンスは，巧妙に，振り子が図 3.4 のように，2 つのサイクロイドの形の枠内でのみ動くように細工

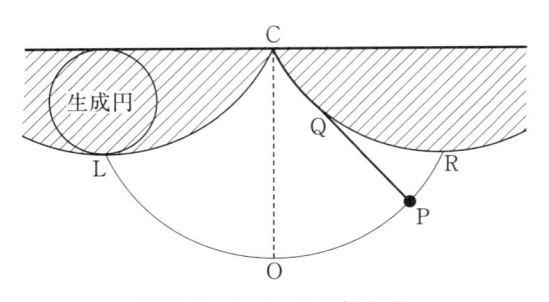

図 3.4 ホイヘンス振り子

した（1659 年）。

　サイクロイドは，円（生成円と言う）が直線に沿ってすべることなく回転するとき，円周上の一点が描く軌跡である。図 3.4 の円は，天井につけたまま，真ん中の方に（本を逆さにして，反時計まわりに）回転すれば，はじめに L のところにある円周上の点がサイクロイドの軌跡を描き，最後に C のところまで移動する。頭の中で回転させてみよう。

　この生成円の直径の 2 倍の長さの振り子を，ホイヘンス振り子（または，サイクロイド振り子）と言う。ホイヘンス振り子は，図 3.4 の CQ の部分の糸をサイクロイドの枠に巻きつけて振動する。その際，QP の部分の糸は Q におけるサイクロイドの接線方向に直線に伸びている。

　実は，振動に従い，振り子の先の点 P の軌跡も同じ大きさの生成円のサイクロイドになる。すなわち，図 3.4 の OR は LC と同じ形である。これはまた，重力だけの作用で目的地に一番速くたどりつく経路でもある。すなわち，サイクロイドは，ヨハン・ベルヌーイによって提出された最速降下線問

題の解でもある(1696年)。振り子の話から,振れてしまうが,Rを東京,Lを大阪としROLのように地下トンネルを掘ったとしよう。そのトンネルに一切摩擦がないとすれば,東京で落とした玉(猫ではない)は,約10分で大阪に到達する。Hi, Tama, you are so fast.

ホイヘンス振り子には,近似でなく正確に,等時性が成り立つ。そして,周期は振幅に依らずに

$$T = 2\pi\sqrt{\frac{\ell}{g}}$$

と与えられる。今度は,等時性は,単振り子の場合と異なり,振幅が大きくても(PがRのところまでの運動であれば)成り立つ。このことは,ホイヘンス振り子の運動方程式を見ると納得がいく。

ホイヘンス振り子の運動方程式は,uをOPの弧の長さ(ただしPがOの左にあるときは,弧の長さにマイナスをつける)として

$$\ddot{u} + \frac{g}{\ell} u = 0 \tag{3.5}$$

と表される。これは,質点がサイクロイド曲線ROLに沿って,重力にしたがって単振動する運動の方程式と同一である。

バネ,単振り子,ホイヘンス振り子と,ほいほい変数uの意味が変わることは,この変な文章と同様に,どうでもいいことだ。大切なのは,ホイヘンス振り子の運動方程式(3.5)は,バネの運動方程式(3.2)の$\frac{k}{m}$を$\frac{g}{\ell}$と変えただけということ。このため,単振り子の場合と異なり,ホイヘンス振り

子には正確に等時性が成り立つのである。要するに、ホイヘンス振り子の運動方程式は、バネの運動方程式と同じだ。

■逆問題

ここまで、いくつかの例で、復元力が与えられたときの振動の周期と運動について考えてきた。復元力 g がわかっているときに $\ddot{u}+g(u)=0$ で記述される周期運動の周期と振幅の関係がどうなるかを調べてきたことになる。

しかし、バネ材料の弾性係数がバネの場所に依らずに一様である保証もなく、またフックの法則自身が実験による近似法則である以上、バネに復元力がどのように働くかをどのようにして決定できるというのだろう。また、初めに述べたビルのように複雑な弾性体の復元力をどうやって推定すれば良いのだろう。

こう考えるとき、次の問題が提起される。

【逆問題】 周期と振幅の関係から、復元力 g を定めよ。

これが、本章のテーマ、振動の逆問題である。構図を書けば

$$\boxed{\text{復元力 } g} \xleftarrow{\text{運動の第2法則}} \boxed{\text{周期と振幅の関係}}$$

である。

時間(周期)とか距離あるいは角度(振幅)は、復元力そのものよりはるかに計測しやすい。このことを考えれば、この逆問題の重要性が理解できよう。そしてこの逆問題は、等時性をもつ運動を実現する復元力がどれくらいあるのか、と

いう根源的な問題も含んでいる。

ところで，今まで，周期運動は，対称性をもつものばかり考えてきた。バネも単振り子・ホイヘンス振り子も右左対称だ。しかし，一般的に考えれば，周期運動を左右対称なものに限る必然性はない。たとえば，ホイヘンス振り子のサイクロイド枠を，サイクロイドとは限らず，左右で異なる曲線とした振り子を作ると，当然，振動も対称性をもたないことになる。そんな場合も考慮して，逆問題を対称性をもたない運動に対しても考えていこう。

非対称な周期運動に対しては，振幅 A は図 3.5 のように，正の振幅 a と負の振幅 $-b$（$b<0$ なので大きさは $-b$）の平均として

$$A = \frac{a-b}{2}$$

で定義する。

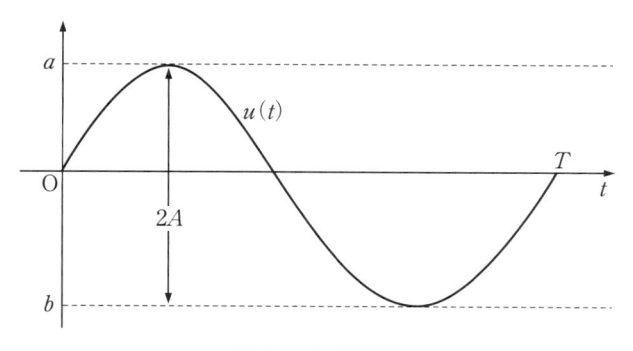

図 3.5　周期運動

復元力 $g(u)$ の符号は，$u>0$ のときは正，$u<0$ のときは負である。もちろん，$g(0)=0$ だ。このとき，周期 T は A の関数となる。これを $T=T(A)$ と書こう。振動の逆問題は，この $T=T(A)$ という関数から，復元力 $g=g(u)$ が定められるかを問うものである。

■逆解析

前置きが長くなった。ここからがこの章の本論である。振動の逆問題にどのような答えが与えられたかを，研究の歴史をたどりながら，見ていこう。

現代逆問題の研究をリードしてきたのは旧ソビエト連邦である。振動の逆問題も，等時性の問題に限れば，ソ連における研究から話を始める必要がある。1937年に，コークレスとピスコーノフは，等時性をもつ周期運動の復元力 g は無数にあり，それらは，$g(u)$ の $u<0$ の部分を $g(u)$ の $u>0$ の部分に，ある関係式で，しかるべく対応させることで得られるということを示した。

ランダウ–リフシッツの教科書『理論物理学教程』（全10巻）は，理論物理の定評ある教科書として有名だが，その第1巻（力学）の初版の第3章，§12 には，コークレス–ピスコーノフによる結果の一般化にあたる次の事実が記載されている。「周期がエネルギーの関数として与えられているとき，その周期を実現する g は無数にある」

その本の初版発行は1958年だから，ソ連では，この頃すでに，周期運動の周期から復元力を定める問題の研究は萌芽していたと考えられる。ただし，この結果は振動の逆問題に対する予備考察にすぎない。周期とエネルギーの関係は目に見

えるものではなく，観測量としては適さないからである。

振動の逆問題そのものに対してはじめて一般的なことが示されたのは，1961年のことだ。ポーランドの数学者のオピアルが，周期 T と振幅 A について与えられた $T=T(A)$ を実現する復元力 g で対称なもの，すなわち $g(u)=-g(-u)$ をみたす g はただ1つであるということを示したのである。

数学においては，ある問題が与えられたとき，その問題の解がただ一つであることを，解は一意であると表現する。そして，そのことを保証する結果を一意性定理と言う。簡単な例でいえば，c を実数とするとき，2次方程式 $x^2+c=0$ の正の実数解はただ1つであるという命題だ。この命題は実数解の存在については，何も言及しておらず，解は多くても1つという意味だ。一意性という言葉を用いれば，オピアルは対称な周期運動について，振動の逆問題に対する一意性定理を証明したというように表現できる。

第1章（33ページ）で述べたように，逆問題では，解が一意であることを同定可能と言う。この言い方をすれば，オピアルの結果は，「対称な周期運動の復元力 g は周期 T と振幅 A の関係 $T=T(A)$ から同定可能である」と表現できる。

どちらの表現でも，言っていることに変わりはないが，ニュアンスは若干異なる。逆問題の意識では，どれだけの観測データから未知の要素を定めることが可能かということが，最初に問題となる。同定可能ということは，その観測データだけで十分ということを意味している。

オピアルの論文のタイトルは，「微分方程式の解の周期について」である。タイトルからして，オピアル自身は逆問題を研究しているという意識はまったくなかったようだ。散乱の

逆問題を扱ったゲルファント–レビタンやマルチェンコの研究（第 8 章参照）は 1950 年代前半には成されていた。しかしまだ，逆問題の「点」でしかなかった。逆問題は，線には至ってなかったのだ。

オピアルが同定問題を解く際に用いた数学は，手法は巧みだが，初等的である。対称な周期運動の復元力の同定問題に限っていえば，19 世紀に解決されていても何の不思議もなかったように感じられる。

1 つ，数学の歴史の時代背景から類推を加えることは可能だ。19 世紀後半には，非線形の微分方程式は主要なテーマになってきていたものの，非線形の積分方程式はまだ数学者の視野の中になかった。そう考えれば，対称な周期運動の復元力の同定問題の解決が 20 世紀後半にまでずれ込んだのも，納得ができる。

非線形の積分方程式を解析する手法で，振動の逆問題を研究した最初の仕事は，日本の数学者，占部実（1912–1975）によって成された。占部もはじめは等時性の問題に興味があった (1961 年の論文) のだが，その後一般の設定で研究を行った。周期運動が対称なものに限れば g はただ 1 つであるが，非対称なものを許せば，無数にあることを示すとともに，1964 年までには，g の再構成法を発見している。

一般に，逆問題の解決のステージにはいくつかの段階があり，通常，(1) 同定（一意性）問題　(2) 再構成法　(3) 解の安定性　(4) 解の存在　の順に研究が進められる。逆問題の種類によっては，(2) と (3) の順番は逆になる。(2) の再構成法は，解を具体的に（理論的あるいは数値的に）求める手順のことだ。

通常の数学では，解を求める手順は構成法といわれる。逆問題の意識が強いとき，研究者は，これを再構成法と呼ぶ。それは，工学，医療科学，画像処理，地球物理等での逆問題では解の存在が暗黙に仮定されていることに起因する。解の存在ありきとして話を進める際には，解はある，その解を再構成するという感覚で，再構成法と表現する。

　数学的には，(4) の解の存在の問題はきわめて重い。理論的な数学の立場からすると，存在の問題がないがしろにされすぎているとも思う。しかし，第1章で述べたように，実は，観測データが誤差を含むときに，その誤差が解の存在する方向あるいは性質を保持しながら動く保証はなく，存在に固執するのは，誤差に「ごさごさ動くとはけしからん」と言うのと同程度に依怙地とも言える。

　数学的な答えにしがみつくことから解き放たれたところから，現代逆問題が新装開店された。細かいことにこだわらず大胆に進む。そういうスタンスによって逆問題研究が推進されることも事実である。自由な逆問題の発想に照らして，少しアバウトに研究するという態度も必要になる。

　占部は，そういう意味で，逆問題研究のスタンスを先取りしていた感がある。与えられた関数 $T=T(A)$ にはそれなりに強い（滑らかさに関する）仮定が付けられていたし，解が，すなわち g がどれくらいの大きさの振幅の範囲で存在するのかについては，気にしていないふうである。それよりも具体的に解の様子を見ることの方に腐心し，数値解析の手法を用いて，具体的に解を見る試みを行っている。そのことは，占部が数値解析の分野でも活躍したことと無関係ではない。

　占部は，論文においては逆問題という用語は一切用いてい

ない。しかし，1967年に出版した著作『非線形自励振動』の第13章では，逆問題という用語を章の見出しで用いている。おそらくこれが，日本人数学者が「逆問題」を活字とした最初であろう。

1984年には，ポーランドのアルファビカが，振動の逆問題に関する2つの論文を発表した。この2つの論文は占部の結果を繊細に改良するとともに，その後の研究指針を与えた点で大きな意義を持つ。

■追加すべき観測データ

関数 $T(A)$ に対して復元力 g は無数にある。このことは，周期と振幅の関係だけでは，復元力を特定できず，他の観測量と併せて考えることにより初めて復元力が特定されることを意味する。そんな，追加的な観測データとして，何が適切だろうか。

常識的な量としては，正の振幅と負の振幅の関係（これを，σ と書く）を追加的な観測データとして用いることが考えられる。等時性の問題に関しては，この考えが適切であることが，1999年に，スペインのシーマ，マノサス，ヴィラデルプラットの導いた公式によって，示された。

この σ は，正の振幅 a に負の振幅 b を，そして，負の振幅 b に正の振幅 a を対応させる関数（図3.6参照）である。

これを，ペアリング関数と呼ぼう。これは右への振れ幅に左への振れ幅を，また逆に左への振れ幅に右への振れ幅を対応させる。$\sigma(a)=b$, $\sigma(b)=a$ である。よって，σ は $\sigma(\sigma(h))=h$ をみたす関数（対合と言う）として特徴づけられる。典型例は，1次分数変換

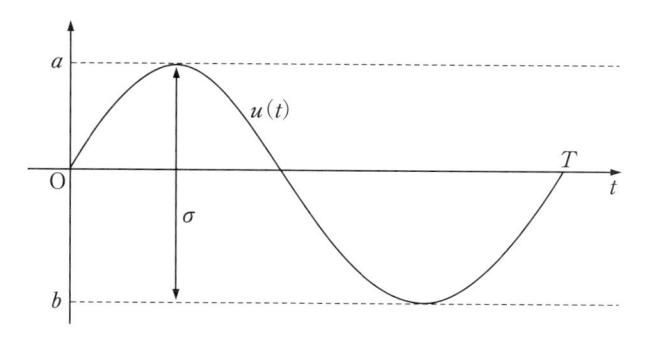

図 3.6 周期運動とペアリング関数

$$\sigma(h) = \frac{h}{ch-1} \tag{3.6}$$

である。特別な場合，$c=0$ のときは $\sigma(h)=-h$ だが，これは，対称な周期運動に対応するペアリング関数だ。逆に，$|c|$ が大きくなると，非対称の程度は大きくなっていく。

シーマ，マノサス，ヴィラデルプラットの導いた公式は

$$G(u) = \frac{2\pi^2}{\omega^2}\left(\frac{u-\sigma(u)}{2}\right)^2 \tag{3.7}$$

と表される。ここで，ω は等時性をもつ周期運動の周期，そして，G は g の積分

$$G(u) = \int_0^u g(v)dv$$

を表す。

$g=G'$ だから，(3.7) は，等時性を生じる復元力 g は，(3.7)

の右辺を微分して得られることを主張している。逆もまた真である。ペアリング関数を指定するごとに，等時性をもつ周期運動が実現される，そして，等時性をもつ周期運動を実現する復元力は，必ず何かしらのペアリング関数で，上の形に書かれる。これが，この公式の主張である。今まで，等時性を生ずる復元力は無数にあるという言い方をしてきた。(3.7)は，この無数の意味を明確にし，無数の程度はペアリング関数の分だけということを明示した。等時性を生じる復元力 g に，ペアリング関数という「座標」が入ったと言える。

そんな等時性をもつ非対称周期運動の1つを，振り子にしたのが，図 3.7 の非対称等時性振り子である。これは，1次分数変換 (3.6) で，$c = \dfrac{1}{16}$ と取ってペアリング関数を定め，$\omega = \sqrt{2}\pi$ として，(3.7) から g を計算し，その復元力が振り子の弧の長さ u，すなわち図の曲線 OP の長さのときに働くように，枠を作って振り子の動きを制限した振り子だ。

もはや，この振り子の枠はサイクロイドのようなシンプル

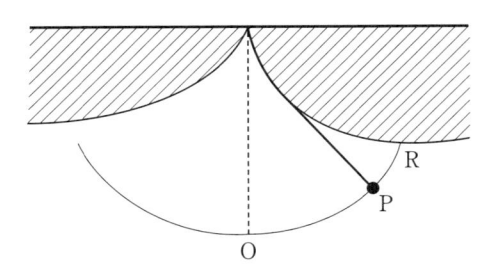

図 3.7 非対称等時性振り子

な曲線ではない。式は書けるが，相当複雑なものである。

この非対称等時性振り子は，Rのところまでならば，どこから手を離しても，戻ってくるのにかかる時間は一定だ。実用的な意味はもはやないが，アンティークとして作るのは面白いかもしれない。そういう企業が現れないとも限らないので，特許を取っておこうかな。

冗談はともかく，この振り子を観測すれば周期ならびにペアリング関数がわかるので，復元力 g は (3.7) から，すぐに計算される。

■最終解答

では，等時性をもたない，一般の場合はどうか。これが，この章の冒頭に名前を挙げた兼谷君との，共同研究のテーマであった。当時を思い出すと，震災のあとの何ともいいようのない焦燥感が，暗く蘇る。

復元力の不定積分 G は，振幅と周期の関係だけで決定される関数 E を用いて

$$G(u) = E\left(\frac{u - \sigma(u)}{2}\right) \tag{3.8}$$

で与えられる。これが，共同研究の最終解答である。具体的には，E は

$$T(A(E)) = 2\sqrt{2} \int_0^E \frac{A'(s)}{\sqrt{E-s}} ds \tag{3.9}$$

で決定される関数 $A(E)$ の逆関数である。

この最終解答は，兼谷君との共著論文「周期運動からの非

線形項の大域的決定」の主定理である．論文は『Journal of Mathematical Analysis and Applications』第 403 巻（2013 年）に掲載されている．その概略を以下で述べよう．

周期 T と振幅 A の関係を $T=T(A)$ とする．たとえば，図 3.3 のような関数だ．逆問題では，これは（観測から得られた）既知の関数である．ここへ，ある関数 $A=A(E)$ をえーいと代入したものが，(3.9) の左辺．これが，A の導関数 A' を $\sqrt{E-s}$ で割った関数の $[0,E]$ 上の積分の $2\sqrt{2}$ 倍に等しいとすれば，復元力 g は (3.8) を微分して得られる．これが (3.8) の意味である．

例を挙げよう．周期の観測データを

$$T(A) = \sqrt{2}\,\pi \cosh A$$

とする．ここで cosh と書いたのは，$\cosh x = \dfrac{e^x + e^{-x}}{2}$ で定義される関数である．この T に対する (3.9) の解を求める計算は少しハードだが，結果は

$$A(E) = \tanh^{-1} \sqrt{E}$$

となる．これより $E = \tanh^2 A$ となるので，(3.8) より

$$G(u) = \tanh^2 \left(\frac{u - \sigma(u)}{2} \right) \qquad (3.10)$$

よって，ペアリング関数 σ が観測されれば，それを (3.10) に代入して G が定まり，それを微分して g が得られる．

たとえば，$\sigma(u) = \log(2 - e^u)$ とすると，これを (3.10) に代入して微分することにより

$$g(u) = 2(e^{2u} - e^u)$$

と復元力が決定される。

等時性をもつ周期運動においては，$T(A)$ は定数。その周期を ω とすれば，$T(A) = \omega$ だ。したがって，この場合，(3.9) は

$$\omega = 2\sqrt{2} \int_0^E \frac{A'(s)}{\sqrt{E-s}} ds$$

となる。これをみたす $A(E)$ は $A = \dfrac{\omega}{\sqrt{2}\,\pi}\sqrt{E}$ で与えられるので，$E = \dfrac{2\pi^2}{\omega^2}A^2$ が得られる。これに

$$A = \frac{u - \sigma(u)}{2}$$

を代入した式が，等時の場合の公式 (3.7) である。換言すれば，(3.8) は，(3.7) を，等時性をもたない周期運動に対して一般化した式になっている。

■からくり

最後に，一体 (3.9) はどこから出てきた式か，そのからくりを説明しよう。はじめに，$\ddot{u} + g(u) = 0$ にしたがう運動に，エネルギー保存則

$$\frac{1}{2}\dot{u}^2 + G(u) = E$$

が成り立つことに注意しよう。$\dfrac{1}{2}\dot{u}^2$ は運動エネルギーに対応し，$G(u)$ は復元力のエネルギーに対応する。この保存則

は，左辺を時間変数で微分すると 0 となることを示すことにより確かめられる。

1 つの周期運動（図 3.6 参照）は，1 つのエネルギー E に対応して，正の半振幅 a から負の半振幅 b まで行ったり来たりする運動である。u が 0 から a まで動くとき，エネルギー保存則から，$\dot{u} = \sqrt{2(E-G(u))}$ となり，これは $\dfrac{dt}{du} = \dfrac{1}{\sqrt{2(E-G(u))}}$ と書き直される。これを積分して，u が 0 から a まで動くのに要する時間は

$$\int_0^a \frac{du}{\sqrt{2(E-G(u))}}$$

となる。0 から a までいって，a から 0 まで戻るのにかかる時間はこれの 2 倍である。

同じ計算を行って，0 から b までいって，b から 0 まで戻るのにかかる時間を求めて

$$T = \sqrt{2}\left(\int_0^a \frac{du}{\sqrt{E-G(u)}} + \int_b^0 \frac{du}{\sqrt{E-G(u)}}\right)$$

が得られる。

これを $s = G(u)$ で置換積分しよう。そのために，$G(u) = s$ となる u を $u = a(s)$, $u = b(s)$ とする（図 3.8 参照）と，$du = a'(s)ds$, $du = b'(s)ds$ から

$$T = \sqrt{2}\left(\int_0^E \frac{a'(s)}{\sqrt{E-s}}ds - \int_0^E \frac{b'(s)}{\sqrt{E-s}}ds\right)$$

となる。これを $a(s) - b(s) = 2A(s)$ で書き直したものが，(3.9) だ。

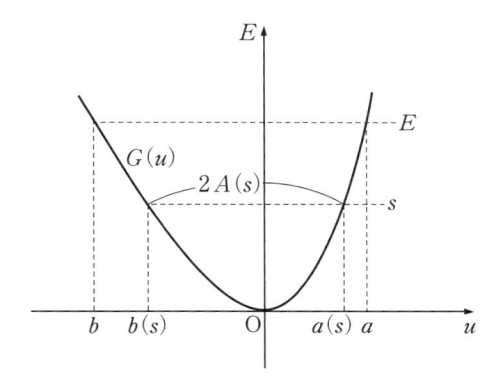

図 3.8 $E = G(u)$ のグラフ

上のことから，$A(E)$ はエネルギーに振幅を対応させる関数である．その逆関数を E と書いて $G(u) = s$ を書き直すと

$$G(u) = s = E(A(s)) = E\left(\frac{a(s) - b(s)}{2}\right)$$
$$= E\left(\frac{u - \sigma(u)}{2}\right)$$

となり，(3.8) が導かれる．

(3.9) は，$A(E)$ を未知関数とする積分方程式である．最終解答 (3.8) が成り立つためには，この積分方程式が解 $A(E)$ をもつこと，そして解 $A(E)$ が逆関数をもつ（すなわち単調増加関数である）ことの 2 つを証明しなければならない．数学的には，これが一番やっかいなところであるが，これは論文の方に譲る．

以上が，振動の逆問題の，半世紀以上にわたる研究の足跡

である。結論を要約すれば，復元力は，周期と振幅の関係とペアリング関数から，同定・再構成されるということになる。

第4章 プランクのエネルギー量子発見

マックス・プランク
PPS通信社

■壮麗な逆問題

　19世紀末の理論物理学は，研究対象を求めるという点で，深刻な状況にあったように思われる。マイケル・ファラデイとジェームズ・マックスウェルらが作り上げた電磁場の理論が19世紀末には完成し，たとえば光も電磁場が作る波（電磁波）としてその現象が明確に説明されるようになっていたから，物理学の基本的なところはすっかり片付いてしまって，あとは些末なことしか残っていない暗い時代のように見えるのである。

　この暗闇に光を当て量子力学の夜明けへと導いたのは，マックス・プランクの量子仮説（1900年）である。この年，プランクはまず黒体放射のエネルギー公式（プランクの放射公式）を発表する。この公式の導出そのものも極めて重要な結果であるが，さらに，この公式の根幹にあるものはエネルギー要素（すなわちエネルギーの最小の大きさ）の存在であると看破し，量子仮説の考え方に至る。

　プランクの量子仮説に基づき，ボルツマンの統計力学を用いて，放射公式を導く。あるいは，アインシュタインの光量子仮説（1905年）で光電効果の説明をし，量子力学への導入とする。これが，現代の量子力学の講義や解説での標準的な方法であろう。その方が，学問体系を俯瞰するには適しているからである。

　したがって，実際にプランクがどのようにして量子仮説に至ったかの道筋を辿ることは，現在では皆無に近い。しかし，その道筋すなわちプランクの思考法は，逆問題の立場からすると，大変興味深い。そう，プランクは逆問題を解いたのである。しかも，境目が定かでない折り重なった2段の滝を逆

第4章 プランクのエネルギー量子発見

に登っていくような壮麗な逆問題を。

まず,黒体放射の実験結果から放射公式への滝登り。そしてその滝の上で待ち受けていた2段目の滝は,放射公式そのものを観測データと見立て,ボルツマン統計力学を用いて,エネルギー要素 ε を決定する逆問題。この逆問題を解いて到達したのが,エネルギー量子 $h\nu$ の発見である。

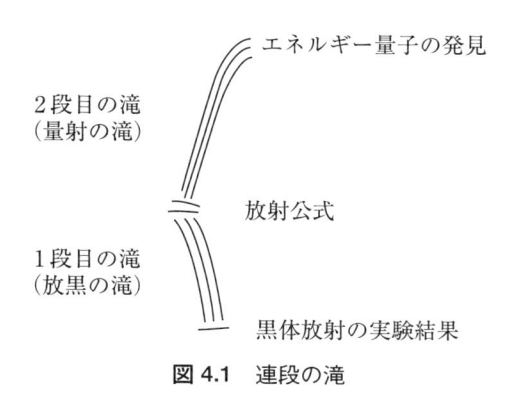

```
                    エネルギー量子の発見
2段目の滝
(量射の滝)
                    放射公式
1段目の滝
(放黒の滝)
                    黒体放射の実験結果
```

図 4.1 連段の滝

1段目の放射公式への滝登りはデータ・フィッティングであり,逆問題としては凡庸なものに見える。しかし,プランクは初めから2段目の滝登りを目指したかのように,用意周到に,この滝登りを敢行する。プランクの導出法は繊細であり,そしてそのことが,この逆問題が単なるデータ・フィッティングではなかったことを教えてくれる。

無論,この頃は現代的意味での逆問題という用語も概念もない時代であるから,プランク自身は逆問題の発想を意識して研究を進めたわけではない。また,2段目の逆問題は,順

問題の方が後に解かれているから,通常の逆問題とは研究履歴が逆転している。

しかし,エネルギー要素を「分割された要素」,量子仮説を「法則」,プランクの放射公式を「積み重ねで得られた包括」とみれば,エネルギー要素を決定する問題は,分割された要素(原因)のある規則(法則)による包括から要素を求めるという逆問題の規定に,しっかり適合する。

本章は,プランクがエネルギー量子発見へ至る道筋の,逆問題の視点による科学史試論である。プランクの扱った逆問題の構図と発想を明確に示すのが目的であり,それゆえ,物理概念と数学手法については,洗練された現代の用語や記号ではなく,プランクが原典で用いた用語・記号を踏襲しよう。20世紀の入り口で1人の科学者がどのようにして真理に迫ったのかを,生きた形で再現したいからである。

■黒体放射

熱せられた物体から光(電磁波)が出る現象を放射と言う。光(電磁波の1つ)の色はその振動数 ν で決まり,たとえば,赤よりも黄色が,そして黄色よりも紫が,振動数が大きい。

あらゆる振動数の光を(反射させずに)完全に吸収する理想的な物体を黒体と言う。これは,グスタフ・キルヒホッフ(1824−1887)が,導入した概念である。常温では黒く見えるために,黒体と呼ばれる。黒体においては,与えられた熱エネルギーがすべて放射エネルギーとなって,平衡状態に達する。キルヒホッフは,1861年の論文で,黒体放射では光の出すスペクトル分布は,黒体の形状等には依らず,温度だけで決まることを示した。

第4章　プランクのエネルギー量子発見

　黒体は空洞の壁であり，この壁を熱することにより光のエネルギーが空洞中に放射される。空洞に比べて十分に小さな孔から，光を調べるのが計測となる。黒色は，炭のようなものを想像すれば良い。黒色以外の物体は，たとえば青色なら赤色を吸収するように，振動数を選択して吸収するので実験に適さない。現在では，ナノテクノロジーによって黒体をほぼ完璧に実現する物質も見出されている。

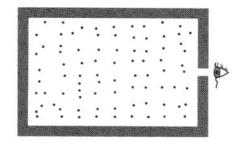

図 4.2　黒体放射の模式図

　炉口の光の色から炉の温度を割り出す逆問題。人間は，いにしえより，この逆問題に取り組んでいる。かつては，陶工も，橙色でだいたい 1100 °C というように，炉口から発せられる光の色から炉の温度を，鍛錬を重ね，割り出していたのである。ひょっとすると，ひょっとこ（火男）もまた，そういう生業をしていたのかもしれない。産業革命を駆動した製鉄業も，また然り。職人は，良質の鉄を精錬するために，炉口からこぼれる光の色から溶鉱炉の温度を把握したのであろう。

　黒体放射の実験は，理想に近い状態において，ある温度 T において黒体内にどのような振動数 ν の光が，どのくらいの光の強さ（エネルギー）で有るかを計測し，その結果をプロットするものである。このプロット（とびとびの点）を補間し

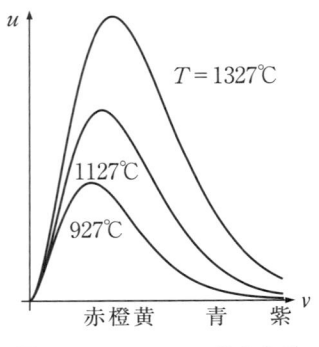

図 4.3 スペクトル分布曲線

て，得られたものが，黒体のスペクトル分布曲線である。

グラフの横軸は振動数 ν を，縦軸は単位体積当たりのエネルギー分布 u を表す。図 4.3 では，プランクが導いた正しい公式（プランクの放射公式）に基づいて，理論値を描いている。しかし，実際に得られた実験データでは，とびとびの点のデータが誤差を含んで，描かれているだけである。このように，とびとびの点から直線や曲線を定める問題は，データ・フィッティングと呼ばれる（143 ページ参照）。これも，逆問題の一種である。

関数が 1 次関数や 2 次関数ならば，関数の形は決まっているので，パラメーター同定と言われる逆問題の一種である。特に，1 次関数のときは，たとえば温度と電気抵抗率の実験データから金属の温度係数を決定するような，いわゆる回帰直線を定める問題（第 6 章，136 ページ参照）になる。これらは，関数の形は決まっているので，パラメーター同定の一

種である.しかし,黒体放射においては,関数の形も不明であるから,いわば無限個のパラメーターを定める,無限次元の問題である.

黒体放射におけるエネルギー分布 u の ν に関する総和(積分)と温度の関係はヨセフ・ステファン(1835–1893)やボルツマンの研究で明らかにされた.また,グラフのピークを与える振動数 ν と(絶対)温度 T の関係は,ウィリー・ウィーン(1864–1928)の 1893 年の研究(ウィーンの変位則)によって得られた.これらは,陶工や製鉄職人が匠の技で扱ってきた日常的逆問題の科学的解答に相当する.

ウィーンは 1896 年の論文で,これらの研究をもとに,スペクトル分布曲線そのものを表す公式を,気体分子論の仮説から導き出した.プランクが用いた記号に合わせるためにエネルギー分布 u の代わりに,振動子 1 個あたりの(平均)エネルギー分布を表す $U = \dfrac{c^3}{8\pi\nu^2} u$ (c は光速)を用いてその公式を書くと

$$U = \frac{h\nu}{e^{\frac{h\nu}{kT}}} \tag{4.1}$$

となる.ここで,k はボルツマン定数,h はプランク定数である.

これが,ウィーンの放射公式である.もちろん,h がプランクの名を冠して呼ばれるようになるのは後のことだから,ウィーンの論文では,ボルツマン定数も込めて,単に定数となっている.

この定数が未知であることは,さしたる問題ではない.もしウィーンの放射公式が正しい公式であったならば,ニュー

トンの万有引力の法則における万有引力定数の数値をキャベンディシュが決定（第1章参照）したように，あとで実験データと照らして誰かが決定してくれたであろう。しかし残念ながら，式の形がちょっとだけ合わないのである。これが，試験の答案であって，そして採点する教員が老眼だったなら，そのまま正解として素通りする程度の差なのだが。

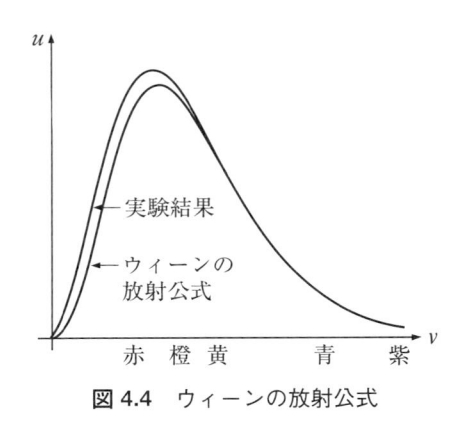

図 4.4　ウィーンの放射公式

その頃，実験物理学は，高温でも，かなりの精度で黒体放射の実験結果を出せる域に達していた。そして，ウィーンの放射公式が振動数の小さなところで，そうした実験結果と，観測誤差の範囲を超えて合わないこと（図 4.4 参照）が判明した。これに伴い，ウィーンの放射公式の導出法が論議の対象になり，同時に，公式の改良版が提案されてきていた。

こうした論議に関しては，プランクもまた，その渦中にいた。プランクは，ウィーンの放射公式は正しいと主張してい

たからである。このとき，プランク42歳。すでに名門ベルリン大学の正教授の地位にあったものの，ヘルムホルツ，ワイエルストラス，キルヒホッフ，クロネッカー，クンマーといったこの名門の巨人たちと肩を並べるだけの業績を上げるには至っていない。

■ 1段目の滝，放射公式

1900年10月19日。ベルリンの物理学協会例会において，ウィーンの放射公式に関する講演があった。その講演に続く質疑応答の中で，プランクは，言わば飛び入りで発表を行った。記録には，タイトルは「ウィーンのスペクトル等式の1つの改良について」とある。

プランクは，簡単な前置きの後，次のように述べる。「エネルギーの ν による分布の公式は，照射に応じて振動する共鳴子のエントロピー S が共鳴子振動エネルギー U の関数としてわかれば決定できる」

原子や分子は微小な熱振動（電磁振動）をしており，固体はその振動子の集まりと見做すことができる。プランクは，黒体の壁が多数の振動子からできていて，壁を熱すると，この振動子がいろいろな振動数で振動することにより空洞中に光のエネルギーを放射すると考えている。共鳴子とはこの振動子のことを指す。熱振動においては，振動子が不規則に互いの振幅や振動のずれ（位相）に共鳴し合うため，この振動子をあえて共鳴子と呼ぶのである。

プランクが述べた共鳴子の振動エネルギー分布 U は，多数からなる共鳴子の1個あたりの（平均）エネルギー分布のこ

とである。そして、エントロピー S は、熱力学では $\dfrac{dS}{dU}=\dfrac{1}{T}$ で定義される。この式を $dS=\dfrac{dU}{T}$ と書き直せばわかるように、エントロピーは、与えたエネルギー dU（熱量）が温度を何倍にしたかで状態を計る量（巨視的状態量）である。

　自然は、熱現象においては無秩序に混じり合い、一様になるように変化する。その状態、すなわち無秩序な状態の方がエントロピーは大きい。よって、この変化をエントロピー増大と言う。エントロピーが無秩序性の指標と言われる所以である。

　しかし、エントロピーの真の意味は、物質を構成する分子・原子論すなわち微視的な変化と関係づけることによって、はじめて理解される。その関係を、確率論的に考察したのは、ルートビッヒ・ボルツマン（1844–1906）である。

　プランクの講演に戻ろう。プランクは、ウィーンの放射公式 (4.1) を、次の形に書く。

$$\frac{d^2S}{dU^2}=\frac{\text{定数}}{U} \qquad (4.2)$$

これは、ウィーンの放射公式のエントロピーの言葉による表現である。プランクはウィーンの放射公式の正体を、共鳴の不規則さの反映であるエントロピー S を通して見ることで、理解しようとしたのである。

　プランクはこの表現を示した後、「共鳴子1個あたりのエネルギー分布 U そのものを知らなければならない」と述べる。全体の系ではなく、1個あたりのエネルギー分布 U である。

　そして、「(4.2) より複雑だが、熱力学および電磁気学のあ

らゆる要求をみたす式を作るべきだと考え、そうして作った式の中で次の形の式が注意を惹いた」と、明確な論拠を提示することなく、次の式を記す。

$$\frac{d^2S}{dU^2} = \frac{\alpha}{U(\beta+U)} \qquad (4.3)$$

これが、プランクの導出した放射公式のエントロピーによる表現である。

この式を積分して、$U \to \infty$ のときに $\frac{1}{T} \to 0$ であることを考慮し、再び $\frac{dS}{dU} = \frac{1}{T}$ を用いて書き直すと

$$U = \frac{\beta}{e^{-\frac{\beta}{\alpha T}} - 1}$$

となる。この計算は、高校理系数学の演習問題である。そして $\alpha = -k$, $\beta = h\nu$ とおけば

$$U = \frac{h\nu}{e^{\frac{h\nu}{kT}} - 1} \qquad (4.4)$$

が得られる。これが、有名なプランクの放射公式である。

プランクは、(4.4) が実験結果に良く合うことを指摘して、発表を終える。

■新たな展望

プランクの発表を表層的に要約することはたやすい。ウィーンの放射公式のエントロピー表現を求め、その分母を2次式としたら、プランクの放射公式が得られた（次ページの図参照）。結果は、ウィーンの放射公式の分母から1を引けば良い

ことがわかった。と，まあこんなところであろう。

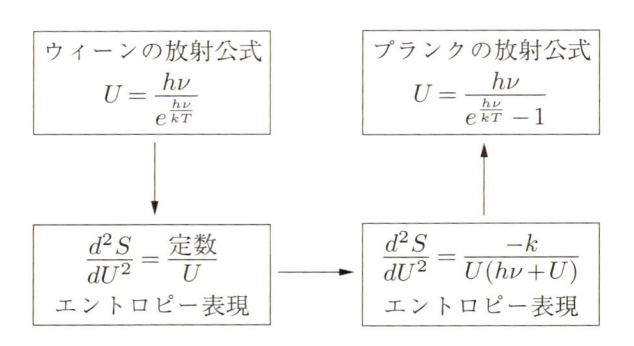

```
┌─────────────────────────┐         ┌─────────────────────────┐
│  ウィーンの放射公式      │         │  プランクの放射公式      │
│   $U = \dfrac{h\nu}{e^{\frac{h\nu}{kT}}}$ │         │   $U = \dfrac{h\nu}{e^{\frac{h\nu}{kT}} - 1}$ │
└─────────────────────────┘         └─────────────────────────┘
         │                                        ▲
         ▼                                        │
┌─────────────────────────┐         ┌─────────────────────────┐
│  $\dfrac{d^2S}{dU^2} = \dfrac{\text{定数}}{U}$  │ ──────▶ │  $\dfrac{d^2S}{dU^2} = \dfrac{-k}{U(h\nu+U)}$ │
│    エントロピー表現      │         │    エントロピー表現      │
└─────────────────────────┘         └─────────────────────────┘
```

　ウィーンの放射公式のエントロピー表現も，容易に得られる。ウィーンの放射公式の変形 $e^{\frac{h\nu}{kT}} = \dfrac{h\nu}{U}$ の対数をとり，$\dfrac{dS}{dU} = \dfrac{1}{T}$ で書き直した式を U で微分して $-\dfrac{k}{h\nu}$ を定数と書けば良い。

　このようにまとめてみると，プランクの発表は，単にウィーンの公式の1つの改良版を作った報告にしか見えない。もちろん，エントロピー表現を持ち出したことの意義は小さくない。しかし，改良版を作るだけならば，このことも装飾にすぎない。

　おそらく，発表時のプランクの情熱は，ウィーンの公式の改良から離れていたのであろう。プランクは，後に回想する。「この式を立てたその日からそれに実在的物理的意義を見出そうとした」この式とはプランクの放射公式であるから，発表時の情熱はすでに，プランクの放射公式（あるいはそのエントロピー表現）の源に向かっていたに違いない。

　こう考えてみれば，プランクが飛び入りして発表をした真

意がわかる。発表中繰り返し述べられた共鳴子1個あたりのエネルギー分布である「U そのものを調べよ」の言葉に凝縮されているのだ。この言葉は、巨視的状態量を微視的な変化と関係づけるツールを暗示する。そして、このツールこそが、第2の滝登りの最初の難所克服に必要な鎖である。プランクはすでに、1段目の滝の上に見た壮麗な2段目の滝を確かな手応えを感じながら、登っていたのだろう。

プランクは、「エネルギー量子の発見」により、1918年度のノーベル物理学賞を受賞、その記念講演で、この頃を回想して次のように語っている。「私の生涯の最も緊張した数週間の研究の後に遂に闇は明け、思いがけない新たな展望がほのぼのと見え始めた」朝闇が冬の到来を急がせるこの季節に、闇はどこまで明けていたのだろう。

■ 2段目の滝、エネルギー量子の発見

1900年12月14日。プランクは、ベルリンの物理学協会例会において講演を行う。タイトルは、「正常スペクトラム中のエネルギー分布の法則の理論」。エネルギー量子の発見にはじめて言及した講演である。

プランクは、放射公式のエントロピー表現

$$\frac{d^2 S}{dU^2} = \frac{\alpha}{U(\beta+U)}$$

は極めて簡単な表現であるから、一般的に解釈できる可能性があると思われると、講演を動機づける。講演の目的が、前回の講演の結論であるエントロピー表現を導くのではなく、この簡単な式の解釈をすることにあると宣言したのである。

次に，本題に入り，基本的な考え方を3つ述べる：

(1) エントロピーは無秩序性を意味する。そして，この無秩序性は，共鳴子の（振動がその振幅と位相を交換する）不規則さの中に，見出すべきである。
(2) 平衡状態で振動する共鳴子のエネルギーは，多数の共鳴子の平均値 U として考えるよりない。
(3) 個々の共鳴子のエントロピーは，多数の共鳴子へエネルギーを配分する仕方によって規定されるので，U はボルツマンが（熱力学の第2法則に対して重要性を）見出した確率論の考え方を導入して計算すべきである。

上の (1) はプランクがエントロピー表現を用いる根拠を明確にし，さらにエントロピーを不規則さの中に求めるべきであると言及したもの，(2) は前回の発表の本質的な要約である。そして，(3) はプランクがついに探しあてたツールを意味する。

プランクの考えを数式に表してみよう。N 個の共鳴子からなる系を考えるとき，N 個の共鳴子の平均エネルギー U を考えることが肝要である。このとき，系全体のエネルギー

$$U_N = NU$$

に対応する総エントロピーは，ボルツマンに倣って，不規則さを表す確率すなわち

$$S_N = k \log W$$

における W を用いて計算されなければならない。

　この最後の式は，エントロピーは実現可能な微視的状態数の対数で与えられることを示す。時代を先取りして言えば，後に，ボルツマンの原理と呼ばれる統計力学の原理である。プランクは，2段目の滝登りのためのツールとして，この原理に目をつけたのだ。ここに至ってみると，エントロピー表現を用いたことに重要な意味が見えてくる。

　この基本的な考え方の説明の後に，プランクは，「これが全計算の一番本質的なことだが」と前置いて，核心へ入る。「エネルギーが有限個の同一部分から成ると考えると，振動数 ν とプランク定数 h の積 $h\nu$ がエネルギー要素（Energieelement）ε を与える」

　これは，光のエネルギー要素の決定式がはじめて提出された歴史的な瞬間である。プランクは，エネルギーをそれ以上分割することのできないエネルギー要素 ε から成ると考えると，ε は $h\nu$ と決定されると述べたのだ。だが，プランクは，この決定式

$$\varepsilon = h\nu$$

にはこれ以上触れていない。そのまま，エネルギー要素の個数 P から確率的な量である W をどう規定するかの説明へと，進む。

　プランクが W として採用したのは，P 個のエネルギー要素を N 個の共鳴子に配分する場合の数である。これは，P 個のみかんを N 個のみかん箱に分ける（ただし，みかんが1個も入らないみかん箱があっても良い）方法が何通りあるか，

を問うのと同じだ。答えは

$$_{P+N-1}C_{N-1} = \frac{(P+N-1)!}{(N-1)!\,P!} \qquad (4.5)$$

で与えられる。

プランクは，$P=100$，$N=10$ のときの例を挙げている（無論，みかんとは言っていない！）が，ここでは，$P=11$，$N=3$ として，11 個のみかんを 3 個のみかん箱に分ける方法が何通りあるかを考えよう。11 個のみかん（○で表す）を一列に並べておいて，そこに 2 本の仕切り（●で表す）を入れるのであるから

○○○○●○○○○○○●○○

が 1 つの方法であり，●もみかんと思ってしまえば，13 個のみかんから 2 個（箱の数 -1）のみかんを選ぶ方法の数，すなわち，$_{13}C_2$ となる。

プランクは，(4.5) を，スターリングの公式の最も粗い近似式 $n! \fallingdotseq n^n$ を用いて，十分良い近似で置き換え

$$W = \frac{(N+P)^{N+P}}{N^N P^P}$$

と規定した。

その後，プランクは，エネルギー要素 ε が振動数 ν に比例することはウィーンの変位則から直接導かれること等，いくつかの補足を述べて講演を終える。

以上が，1900 年 12 月 14 日の講演記録の概要である。

第4章 プランクのエネルギー量子発見

■逆問題：エネルギー要素の決定

エネルギーは際限なく分割できる量ではなく，有限個の同一部分 ε から成る，言い換えれば，エネルギーはとびとびの値をとる。これが，プランクの量子仮説である。

講演においては，このことが，$\varepsilon = h\nu$ を計算で導くための本質的な仮定となる。それを明確にするために，講演の中で述べられたことをつなぎ合わせて，問題として，まとめてみよう。

【逆問題】 N 個の共鳴子からなる系の平均エネルギーを U とする。この系を P 個のエネルギー要素 ε からなるとし，エネルギーの総和 $U_N = P\varepsilon$ に対するエントロピー S_N の平均を S とする。S_N を

$$S_N = k \log W, \quad \text{ただし} \quad W = \frac{(N+P)^{N+P}}{N^N P^P} \tag{4.6}$$

とするとき，S が

$$\frac{d^2 S}{dU^2} = \frac{-k}{U(h\nu + U)} \tag{4.7}$$

をみたすように，ε を定めよ。

この問題は，共鳴子を束縛された電子と表現すれば，大学の入試問題になるかもしれない。問題で仮定されていることは，エネルギー要素 ε の存在であり，これが，プランクの量子仮説の言い換えとなる。

(4.7) はプランクの放射公式のエントロピー表現，(4.6) はボルツマンの原理である。よって，問題は，未知量 ε を，ボ

ルツマンの原理を用いて,プランクの放射公式から決定せよ,と問うている。図示すれば,逆問題

$$\boxed{\varepsilon} \xleftarrow{\text{量子仮説}} \boxed{\text{プランクの放射公式}}$$

である。

プランクは講演の最後に「ここで概略だけを示した考察を近く他の箇所にすべての計算をつけて報告する」と予告している。その論文は,学術誌『Annalen der Physik(物理学年報)』の第309巻,553〜563ページに掲載されている。入稿日は1901年1月7日とあるから,まさしく,世紀越えの論文である。前ページの逆問題の解答は,この論文から数式を数行引用すればできあがる。

まず,題意から,$U_N = NU$, $S_N = NS$ であることに注意する。求めるべきは,$U_N = P\varepsilon$ の ε である。プランクはこのことを論文で,「ε の値の方はなおそのままにしておく」と書いている。さりげない一文ながら,逆問題の発想がここに凝縮されている。

(4.6) から

$$\begin{aligned}
S_N &= k\{\log(N+P)^{N+P} - \log N^N - \log P^P\} \\
&= k\{(N+P)\log(N+P) - N\log N - P\log P\} \\
&= kN\left\{\left(1+\frac{P}{N}\right)\log\left(N\left(1+\frac{P}{N}\right)\right) - \log N - \frac{P}{N}\log P\right\} \\
&= kN\left\{\left(1+\frac{P}{N}\right)\log\left(1+\frac{P}{N}\right) - \frac{P}{N}\log\frac{P}{N}\right\}
\end{aligned}$$

が得られる。これは,$U_N = NU$ と $U_N = P\varepsilon$ より得られる

$\dfrac{P}{N}=\dfrac{U}{\varepsilon}$ を用いて

$$S_N = kN\left\{\left(1+\dfrac{U}{\varepsilon}\right)\log\left(1+\dfrac{U}{\varepsilon}\right) - \dfrac{U}{\varepsilon}\log\dfrac{U}{\varepsilon}\right\}$$

と書き直される。そこで $S_N = NS$ から、エントロピーの平均 S は、平均エネルギー U の関数として

$$S = k\left\{\left(1+\dfrac{U}{\varepsilon}\right)\log\left(1+\dfrac{U}{\varepsilon}\right) - \dfrac{U}{\varepsilon}\log\dfrac{U}{\varepsilon}\right\} \quad (4.8)$$

と表される。

(4.8) を（U で）微分して

$$\dfrac{dS}{dU} = \dfrac{k}{\varepsilon}\left\{\log\left(1+\dfrac{U}{\varepsilon}\right) - \log\dfrac{U}{\varepsilon}\right\}$$

となる。これをもう1度微分して

$$\dfrac{d^2 S}{dU^2} = \dfrac{k}{\varepsilon}\left\{\dfrac{1}{\varepsilon+U} - \dfrac{1}{U}\right\} = \dfrac{-k}{U(\varepsilon+U)}$$

であり、これを (4.7) と見比べて、$\varepsilon = h\nu$。解答終わり。

世紀越えの論文では、(4.8) のあと、ウィーンの変位則の書き直しを行い、それを基に、$\varepsilon = h\nu$ を導いている。これは、未知量 ε をウィーンの変位則から決定する逆問題を解いたことに相当する。プランクは、2段目の滝の上に立ったときに、2段目の滝の登り口として別の選択肢もあったことに気づいたのであろう。

■プランクからアインシュタインへ

量子とは,もともとエネルギーという力学量がとびとびの値をとることを指す言葉である。したがって,プランクのエネルギー要素の決定は量子の発見である。そう考えれば,プランクの名声はあっと言う間に,世界中に広まったというのが自然なストーリーに思える。

しかし,事実はまったく逆である。世紀越えの論文が1901年には発表されているにもかかわらず,プランクの量子仮説の重要性は数年間まったく認識されなかった。最大の原因は,量子仮説の物理的実像が見えない点にある。実際にプランクの方法においては,量子仮説すなわちεの存在は計算上必要な数学的仮定にしか見えず,したがって量子仮説の物理的実像は与えられていないに等しい。

その物理的実像を与えたのは,アインシュタインの有名な論文「光の発生と変換に関する一つの発見的観点について」である。発行年は1905年。プランクの世紀越えの論文と同じ学術誌『Annalen der Physik』に掲載されている。

実像の典型は,論文第8節の光電効果の説明に見られる。光電効果とは,金属板に光をあてると,電子が金属の束縛から逃れて自由になり金属の外へ飛び出す現象を言う。電子が飛び出すことは,プランクの研究と同時期に実験により確認されている。しかし,その実験結果は,光のエネルギーが連続的であるとするマックスウェルの理論に難題を突きつけた。

マックスウェルの理論によれば,振動数がどれほど小さくても,光を強く(振幅を大きく)しさえすれば電子が飛び出すはずである。しかし,実際には,光の振動数が低いと光をいくら強くしても,電子が飛び出さなかった。

アインシュタインは,振動数 ν の光はエネルギー $h\nu$ の量子としてのみ吸収・放出されるという仮説(光量子仮説)に基づき,この実験結果を次のように説明した。エネルギー量子 $h\nu$ の光が金属板に照射されるとき,電子はこのエネルギー $h\nu$ を受け取る。$h\nu$ が電子が(金属の束縛を逃れて)外に飛び出すのに必要なエネルギー P より大きい場合には,電子はその差 $h\nu - P$ を運動エネルギーに持って,金属の外に飛び出す。逆に,$h\nu$ が P より小さいとき,電子は外に飛び出さない。

こうして,アインシュタインは,光量子仮説を現象に適用して,素粒子の姿を描くことに成功した。光量子(ドイツ語で Lichtquantum)という用語は,論文の第7節で,「振動数 ν の1個の光量子を発生」のくだりで,忽然と登場する。これが光量子仮説という用語の源である。

アインシュタインは,ウィーンの放射公式から,一定の体積を占める放射のエントロピー S の微視的状態数 W を体積の関数としてとらえ(論文第4節),次に理想気体に対する微視的状態数を体積の関数として表し(第5節),この両者を比較してエネルギー量子 $h\nu$ を導いている(第6節)。

この点からすると,アインシュタインもプランク同様,光のエネルギーがとびとびの値をとるという仮定から,その値 $h\nu$ を計算で定めたかのように見える。だが,ウィーンの放射公式を利用していることからもわかるように,この計算は厳密ではなく形式的な計算である。言い方を変えると,直感や経験に基づいて納得できる計算則の操作で $h\nu$ に辿りついているのである。

形式的な計算で正しい結論を得る方法は,「発見的」と形容

される。現象の核心は，慧眼(けいがん)に支えられた発見的方法により，大きくそして単純に描写される。このため，「発見的」は，決して否定的な形容ではない。論文のタイトルの「観点」はもちろん光量子仮説を指すが，その形容「発見的」には，こうした意味が込められている。

このように分析すると，プランクとアインシュタインの論文は，良く似た内容でありながら，視点がまったく異なることに気づく。プランクは量子仮説から $h\nu$ を決定し，そしてアインシュタインは，量子仮説プラス $h\nu$ を光量子仮説として，光の現象の核心に迫ったと言える。

黒体放射もまたマックスウェル理論では到底説明できない。マックスウェル理論を電子論と組み合わせると，放射公式 $U = kT$ に到達する。これを $U = \dfrac{c^3}{8\pi\nu^2}u$ で，本来のエネルギー分布に直すと，$u = \dfrac{8k\pi\nu^2}{c^3}T$ である。これはレイリー–ジーンズの放射公式とよばれるが，まったく現象を説明しない（図4.5参照）。アインシュタインは，論文でこのことを，新たな考え方が必要となる論拠としている。

プランクの世紀越えの論文は，これに続く第2節で引用されている。しかし，その引用のされ方は，切ない。プランクの放射公式の，ν が小さいときの近似

$$U = \frac{h\nu}{e^{\frac{h\nu}{kT}} - 1} \fallingdotseq kT$$

はレイリーとジーンズの放射公式と一致するから，プランクの $h\nu$ の決定はプランクの黒体放射の理論とは関係づけられぬと言うのだ！　換言すれば，アインシュタインは世紀越え

第4章 プランクのエネルギー量子発見

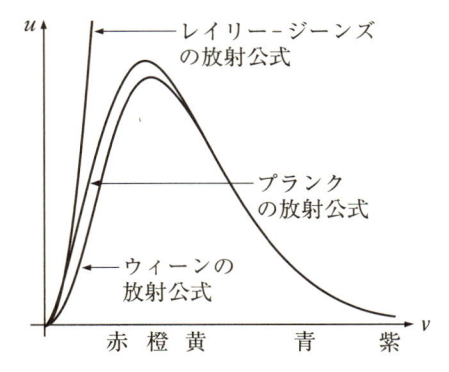

図4.5 レイリー–ジーンズおよびウィーンの放射の公式との比較

の論文を，マックスウェル理論の側にあるものと断じている。

上の近似自身はとても粗いが，誤りではない。単純化するために $x = \dfrac{h\nu}{kT}$ とおけば

$$U = kT \frac{x}{e^x - 1}$$

であるから，$x = 0$ のときの 0 次近似 $\dfrac{x}{e^x - 1} \fallingdotseq 1$ すなわち $\displaystyle\lim_{x \to 0} \frac{x}{e^x - 1} = 1$ より，$U \fallingdotseq kT$ である。

近似が粗いのも問題ではない。精密にしたければ，$\dfrac{x}{e^x - 1}$ のテイラー展開（＝ベルヌーイ数の母関数表示）を用いて，いくらでも近似をするだけのことである。

そういう問題ではない。アインシュタインは，プランクが $h\nu$ に辿りついた苦闘を，まるで理解していないのである。この点で，アインシュタインの論文の第2節は稚拙に過ぎる。

不思議なことに、この第2節をそっくり削除しても、まったく支障がない。否、それどころか、削除すると実にすっきりした論文になる。

アインシュタインは誤りを、いつ気づいたのだろう。ほぼ1年後、アインシュタインは続編「光発生と光吸収の理論について」を書き、プランクの放射理論と自らの光量子仮説の関係を詳らかにする。ようやく、プランクの「エネルギーが有限個の同一部分から成ると考える」真意を理解したのである。

アインシュタインは (4.6) の W を自分のやり方で発見し、仮定 $\varepsilon = h\nu$ のもとに、プランクの放射公式を導く解法を作り上げる。これは、プランクが行った逆問題の逆、すなわち順問題を解いたことに相当する。そしてその手順は、プランクの量子仮説に基づき放射公式を導く、現代の標準的な方法の原型を与えている。

アインシュタインは、自分の辿った順問題の解法を総括し、次のように記す。「上の考察は、プランクの放射理論を決して否定するものではない。むしろ、プランクがその放射理論の中で新しい仮説的要素—光量子仮説—を物理学に導入したことを示している」

プランクの量子仮説の重要性が長い間認識されなかった原因は、プランク自身にもある。そもそも、プランクは、量子論について何かを成した自覚がなかったのだ。それを不思議がる理由はまったくない。プランクが成したことは、1つの逆問題を解いたことだからである。プランクの時代に、現代逆問題が定着していたならば、プランクは控えめに次のように語ったに違いない。「私は、重要な物理定数に関係する逆問題を解いたのです。それ以上でも、それ以下でもありません」

驚くべきことに,プランクの解いた逆問題の構図

$$\boxed{\text{エネルギー要素}} \xleftarrow{\text{量子仮説}} \boxed{\text{プランクの放射公式}}$$

は,アルバレスらが解いた史上最大の逆問題の構図

$$\boxed{\text{小惑星の直径}} \xleftarrow{\text{仮説}} \boxed{\text{境界地層データ}}$$

と酷似している。奇しくも,片や史上最大の逆問題,片や史上最小の逆問題である。

第 5 章 海洋循環逆問題

銚子沖120kmの黒潮の流れ
読売新聞社

■海洋学と逆問題

　1987年に出版された『A View of the Sea（海の風景）』という本がある。著者は，ヘンリー・ストンメル（1920−1992）。20世紀の海洋研究をリードしてきた海洋物理学者だ。この本の序文で，ストンメルは海の中を自在に調べられないもどかしさを込めて，海の中の仕組みを「海のエンジン室」と隠喩(いんゆ)した。海の中を自在に調べられない状況は，CTや地下探査とよく似ている。海の機構や流れを知ることは，もとより逆問題的である。

　海洋構造を見極めるために特定すべき「海のエンジン室」が残す「痕跡」は，塩分，水温，酸素，硝酸塩などの分布である。これらを総称してトレーサーと言う。一方，速度場や拡散係数が，海を理解するための大切な要素となる。そして，海洋物理の逆問題とは，トレーサーの観測値から速度場や拡散係数を推定することである。

　速度場を推定する逆問題の研究は，1940年代までさかのぼることができる。たとえば，第1章で挙げた海洋物理の先駆的研究者の日高孝次。彼は，海の観測点（ステーションと言う）の成す図形間での質量や塩分の保存則から，速度の推定を試みている（1940年）。しかし，残念ながら，これらの初期的試みは，実を結ぶことがなかった。逆問題の解のデータ誤差に対する鋭敏性の困難に阻まれたからだ。正則化の方法（第7章参照）は，未だ考案されていなかった。

　海洋の観測は，船を用いて行われるため，費用と労力の両面から手軽に行えるものではない。このため，海洋の観測データは，他の分野の観測や実験データと比較して，希薄（スパース）にならざるを得ない。それゆえに，解のデータ誤差に対

する鋭敏性の問題はシリアスで、これらを回避する正則化の手法がきわめて重要である。

1970年代後半には、海洋物理の分野において、逆問題的な考え方の重要性が認識され始めた。その先鞭を着けたのは、カール・ウンシュ（1941−）。1977年に『サイエンス』に発表した論文「海洋の一般的な循環の決定」である。ウンシュの論文は、刺激的な次の一文で始まる。「無流面の問題、すなわち力学の方法における未知定数を推測する古典的な海洋学の問題は、地球物理の逆問題として扱うことができる」

ウンシュは、この論文で、非適切性の問題を指摘している。そして、この頃には開発されていた正則化法の有効性を、北大西洋の海域の観測データの解析で示した。海洋循環の決定法の実践および提言をしたのである。海洋物理の世界では、逆問題という言葉より「逆方法（inverse method）」という用語が多く用いられる。これは、海洋循環の問題はもとより逆問題的であるため、問題の発想より方法に力点が置かれるからであろう。

ウンシュの論文が発表された1977年。この年にストンメルは、大規模海洋運動における水平流速の垂直構造（βスパイラル）に関する論文を発表した。フリードリッヒ・スコット（1939−2008）との共著の論文「βスパイラルと流体静力学ステーションデータからの絶対流速場の決定」である。

ウンシュと異なり、ストンメルは、「逆問題」という用語を明示的には用いていない。また、正則化法も強調していない。しかしストンメルの発想は、ウンシュの言う逆問題の発想と同一線上にある。それは、初めに挙げたストンメルの本から見て取れる。いや、そんなことを言うまでもない。その筋の

者（もはや，読者(あなた)も含む）ならば，タイトルを見た瞬間にピンとくる。「〜からの〜の決定」というのは，逆問題の論文タイトルの定型である。

ウンシュやストンメル-スコットが研究した逆問題とは何か。また，解決のための基本原理は何か。本章では，これを考えていきたい。

■コリオリの力と地衡流

海洋の流体力学は，通常の流体力学と決定的に異なる。それは，地球が自転していることに負う。地球の自転によるコリオリの力（コリオリ，1835年）が重要な役割を果たすのだ。

コリオリの力は，地球が自転しているために働く力。水平方向には，速度に垂直に（北半球では運動の方向に対し右向きに）働く。そして，その大きさは，速度とその地点の緯度のサインに比例する。緯度を ϕ と書くと，単位質量あたりに働くコリオリの力は

$$\frac{4\pi}{86400\text{秒}} \sin\phi \times 速さ$$

である（86400秒＝1日）。

日頃コリオリの力を感じることは，まず無い。仮に，北緯35度において新幹線並みに時速250 kmの速さで，等速に走った（あんたは超人！）としてみよう。このとき，コリオリの力は単位質量あたり

$$\frac{4 \times 3.14}{86400\text{秒}} \times \sin 35° \times \frac{250000}{3600\text{秒}} = 0.0058 \text{m/秒}^2$$

であり、重力が単位質量あたりに働く力、すなわち重力加速度 g の $\frac{1}{1700}$ 程度にすぎない。実際に新幹線に乗っているときには、速度の変化すなわち加速度によって、この程度の力はかき消されてしまう。

よって、このコリオリの力は通常の物理の世界では、フーコーの振り子を理解するときぐらいにしか、主役にならない。だが、規模が大きくゆったりとした海洋の水平方向の流れでは違う。海水の圧力差が生ずる力（圧力傾度力）を相手役に、主役を演ずることになる。空間スケールが大きいために、加速度の影響が相対的に小さくなるからだ。

このような、地球の自転によるコリオリ力と圧力の差が生ずる圧力傾度力のバランスで支配される海の流れを、地衡流と言う。黒潮（Kuroshio）はその代表例。海面付近では、流れの幅が 100 km にも達する堂々たる流れだ。

海面の高さは、流れの向きから見て右側が左側より 1 m ほど高く、この海面高度差による圧力差が、流れの右方向に働くコリオリの力と釣り合っている。逆にいえば、コリオリの力のおかげで、地衡流は、堂々としている。圧力の低い方へと流れることがない。易きにくみせず、ぶれないのだ。

八五郎「地衡流ですか。聞き慣れない言葉ですね」

御隠居「うむ。地衡は、ギリシャ語のストロペ（転回）とジオ（地球）をくっつけた geostrophy の訳語だ」

八五郎「そいつを地衡と訳す。はて、その心は？」

御隠居「地衡流はつり合いから生じる流れじゃ。そこで、衡という字がはいってきた、こういうことじゃろ」

熊五郎「うんちくはいいから、早く地衡流の話を頼んます」

御隠居「うむ、そうじゃった。では、ちこう寄りなさい」

■地衡流の運動方程式

コリオリの力を表した式における

$$f = \frac{4\pi}{86400 \text{ 秒}} \sin\phi$$

をコリオリパラメーターと言う。この f を用いると、コリオリの力は、単位質量あたり、f× 速さ である。一般に、海洋の運動を地球に固定した直交座標で考えるとき、東方向を x 座標、北方向を y 座標、鉛直上方を z 座標とする。この座標設定より、海の中では $z < 0$ である。そして、重力は z が負の方向に働く。

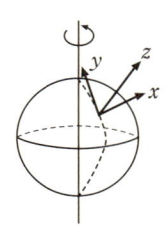

図 5.1 地球に固定した直交座標

x, y, z それぞれの方向への速さを u, v, w と書く。このときコリオリの力は、水平方向には、速さとコリオリパラメーターの積を成分とするベクトル $(fv, -fu)$ となる。

このベクトルの向きは、水平方向の速度ベクトル (u, v) を 90 度時計回りに回転したベクトルと一致している（図 5.2 参

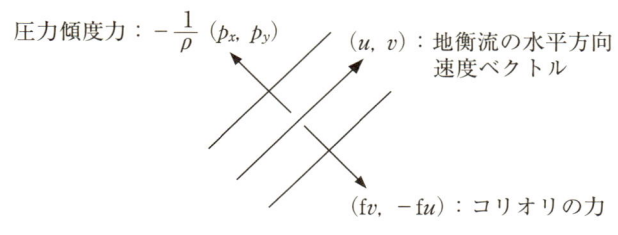

図 5.2 地衡流

照)。図 5.2 は説明用で，小さすぎる。流れの幅が広く，右と左で海面差のある堂々とした流れをイメージされたい。この流れが，右にコリオリの力で引かれ，海面差で生ずる圧力の傾きと釣り合う。なお，地球の自転によって遠心力が生ずるが，これは運動の速さとは無関係にすべてに平等に働く。よって遠心力は（緯度に応じて鉛直方向 z の方向に若干の補正を行うことにより）重力にこめてしまうことができる。

圧力傾度力は，圧力を p で表せばその（空間変数による）微分で表される。圧力は，単位面積あたりの力である。そこで，圧力の差によって生ずる力を，単位質量あたりに換算する。圧力を受ける物の密度 ρ で割るのだ。

このとき水平方向では，単位質量あたりの圧力傾度力は $-\frac{1}{\rho}(p_x, p_y)$ となる。ただし，p_x は圧力 $p = p(x, y, z)$ を x で微分した関数，同様に p_y は圧力を y で微分した関数である。海水の密度 ρ も場所の関数だから，$\rho(x, y, z)$ と書くべき。しかし，煩雑だから以後単に ρ と書く。

図 5.2 よりわかるように，水平方向のつり合いの式は，

$\dfrac{1}{\rho}(p_x, p_y) = (\mathrm{f}\,v, -\mathrm{f}\,u)$ となる。よって，ρ を掛けて

$$\rho\,\mathrm{f}\,v = p_x, \quad -\rho\,\mathrm{f}\,u = p_y \tag{5.1}$$

が得られる。

一方，鉛直方向には圧力傾度力は，単位質量あたり $\dfrac{1}{\rho} p_z$ である。この力は何とつり合うか。そう，重力だ。質量 m に働く重力は $m\mathrm{g}$ である。よって，単位質量あたりの重力は，重力加速度 $\mathrm{g} \fallingdotseq 9.8\,\mathrm{m/s^2}$ だ。ただし，この力は鉛直下向きだから，$-\mathrm{g}$ になる。というわけで，鉛直方向のつり合いの方程式は，$\dfrac{1}{\rho} p_z = -\mathrm{g}$ となる。これに ρ を掛けて

$$-\rho\,\mathrm{g} = p_z \tag{5.2}$$

が得られる。こうして，地衡流の運動方程式は (5.1) と (5.2) で与えられる。(5.1) は，コリオリパラメーター f を含む。これは，緯度 ϕ による $\sin\phi$ に比例する。よって，南北方向を表す座標 y によって変化する。つまり，f は y の関数である。

■地衡流の力学計算

運動方程式 (5.1) と (5.2) は圧力を含むが，これを次のようにして消し去る。まず，(5.1) の第 2 式を z で微分する。このとき，f は z には依らないから $-\mathrm{f}(\rho u)_z = p_{yz}$ となる。この右辺は，p を初めに y で微分し，その後に z で微分して得られる関数を表す。一方 (5.2) を y で微分すると，$-\rho_y\,\mathrm{g} = p_{zy}$ となる。この右辺は，p を初めに z で微分し，その後に y で微分して得られた関数だ。意味は p_{yz} とは異なる。しかしこ

こで,朗報がある。一般に,2回微分してできる関数は,微分の順序には依らない,つまり $p_{yz} = p_{zy}$ が成り立つ。したがって,$-\mathrm{f}(\rho u)_z = p_{yz} = p_{zy} = -\rho_y \mathrm{g}$ となる。最初と最後を見比べて $\mathrm{f}(\rho u)_z = \rho_y \mathrm{g}$ である。

同様に,(5.1) の第 1 式を z で微分し (5.2) を x で微分した式と見比べて,$\mathrm{f}(\rho v)_z = -\rho_x \mathrm{g}$ となる。これらを f で割って,結局

$$(\rho u)_z = \frac{\mathrm{g}}{\mathrm{f}} \rho_y, \quad (\rho v)_z = -\frac{\mathrm{g}}{\mathrm{f}} \rho_x \tag{5.3}$$

が得られる。

(5.3) は,ρu および ρv の海の深さ方向に関する導関数が,密度 ρ の水平方向の導関数で与えられることを意味する。密度 ρ に関する知見は海洋の観測データで得られる。連続的にデータを集めるのは無理だが,平均的なもので置き換える近似も有効である。したがって,端的に言えば,水平流速の深さ方向に関する導関数(海洋科学の業界用語では,鉛直シアと言う)は,密度の観測から決定できる。

水平流速そのものはどうか。これは数学としては,簡単だ。導関数は,積分すればもとに戻る。微分積分学の基本原理だ。つまり,ある定まった深さ(それを z_0 としよう)での $\rho u(x, y, z_0)$ および $\rho v(x, y, z_0)$ がわかれば,他の深さでの ρu,ρv は (5.3) を積分して

$$\begin{cases} \rho u(x,y,z) = \rho u(x,y,z_0) + \dfrac{\mathrm{g}}{\mathrm{f}} \displaystyle\int_{z_0}^{z} \rho_y \, dz \\ \rho v(x,y,z) = \rho v(x,y,z_0) - \dfrac{\mathrm{g}}{\mathrm{f}} \displaystyle\int_{z_0}^{z} \rho_x \, dz \end{cases} \tag{5.4}$$

と，一網打尽に全部わかる。ここでも ρ は (x, y, z) の関数だが，見易さのために単に ρ と書いた。

上の計算は，微分方程式を解く際の常套手段だ。微分方程式があって，初期条件つまりある場所やある時刻でのデータがわかれば，すべてわかる。これは，ニュートン力学を利用した典型的な順問題である。時間に関する問題ならば，予測に役立つ。ある時刻でのデータから，すべての時刻での予測が得られるのだ。(5.4) は場所に関する問題だが，ある深さでの値からすべての深さでの水平速度がわかるという計算。まったく同じ構図にある。

この地衡流の力学計算は，実際に海の中の流れを知るために，多用されてきた。たとえば，z_0 を海底に取りそこでは $u(x, y, z_0) = v(x, y, z_0) = 0$ とする。こうすれば，(5.4) の右辺の第1項は0だ。よって，$\rho u(x, y, z)$，$\rho v(x, y, z)$ は密度分布の積分で表される。

海底での速度を0とすることには，それなりの理由がある。一般に地衡流は，深くなるにつれて密度勾配が圧力勾配と釣り合ってくる。このためコリオリの力を必要としなくなり，したがって流れが弱くなる。

しかし，この説明は便宜的だ。深くなると速さが小さくなるために，(速さに比例して働く) コリオリの力は主役を下ろされてしまい，代わりに，圧力勾配と釣り合う密度勾配が相方を務めるようになる。こう理解しても良い。ともかくこの考えに従えば，z_0 は海底でなくても良く，流れが消滅すると想定される面（無流面）を z_0 として設定して地衡流の力学計算をすることもできる。

あるいは，無流面である必要もない。過去の研究や他の理

由から,基準となる速度が推定される深さ z_0 があれば,そこを基準にしてその他の深さにおける流速を定めることもできる,この場合には,面を基準面と言い,そこにおける速度を基準速度と言う。どちらにせよ,流れの推定が可能な面を z_0 としてとれば,他の深さでの流速は決定される。これが,地衡流の力学計算の考え方である。

■基準速度を決定する逆問題

しかし,無流面や基準面を見出すことがいつでも可能なわけではない。このことは,特に1970年代になって,強く指摘された。無流面や基準面が現実に存在するとは限らぬ。また,存在したとしてもあらかじめ知り得るものではない。そう考えられるようになってきたのである。

そんな背景の中で,ウンシュやストンメル–スコットは,トレーサーの観測から基準速度が決定できぬかと思い始めた。ウンシュが指摘するように,これは初期条件を未定定数とした逆問題である。付け加えて言えば,トレーサーの分布は,流れの速度や拡散係数を原因として,その積み重ね(包括)で決まる。ウンシュやストンメル–スコットの研究は,その積み重ねであるトレーサーの分布から,それを制御する因子の流速を決定する仕事だ。これは,まさに逆問題である。構図を書けば,次のようになる。

| 基準速度 | ◀────── | トレーサーの観測データ |

この逆問題を解くためには,トレーサーと速度場の関係を得る必要がある。ただし,その関係式は速度場の微分を含ん

ではならない。微分を含むと、速度場を求める際に積分するため、基準速度の設定が求められるからだ。その関係式をどのように導くか、順を追って説明しよう。

まず、海洋の流体では、u, v, w をそれぞれの方向に微分した関数の和が 0 になることに注意する。すなわち

$$u_x + v_y + w_z = 0$$

である。これを非圧縮条件と言う。非圧縮条件は体積の保存則だ。要は、海の水は気体と違って、膨らんだり縮んだりしないということ。これをベクトル解析では $\mathrm{div}\,(u,v,w) = 0$ と書く。発散と呼ばれる div は、流体の膨張率である。したがって、これが 0 とは、体積保存を意味する。

次に、密度保存則

$$u\,\rho_x + v\,\rho_y + w\,\rho_z = 0$$

に注意する。これは、流れに沿って移動しているときに密度変化は無いという意味。流れに沿って密度が変化しないように流体が動くための速度場 (u,v,w) がみたすべき条件と言っても良い。数学としては、$\rho(x(t), y(t), z(t)) = $ 一定を t で微分すれば得られる。

体積保存則と密度保存則から、質量保存則

$$(\rho\,u)_x + (\rho\,v)_y + (\rho\,w)_z = 0 \tag{5.5}$$

が従う。これは、非圧縮条件と密度保存則を足せば得られる式だ。流体力学では、(定常の) 連続方程式と言う。

さて、そろそろトレーサーに登場願おう。繰り返しになる

が,トレーサーは塩分,水温,酸素,硝酸塩などだ。速度場が残す跡(trace)ならば何でも良い。ストンメル–スコットは海水の密度自身をトレーサーとして用いたが,状況によってはそれも有りだ。ただしここでは,トレーサー濃度 ψ も保存則

$$u\psi_x + v\psi_y + w\psi_z = 0 \tag{5.6}$$

をみたすものとする。この式は前の密度保存則と同じ式で,密度 ρ を濃度 ψ に置き換えただけである。

■逆解析の原理

もう一度問題を整理しておこう。逆問題が必要になった原因は,(5.3) の左辺が微分を含んでいることにある。このために,積分を用いる必要が生じ,結果として初期条件が必要になった。順問題を解くときには,何かしら積分が出てくる(第1章参照)。だから,当然と言えば当然である。

逆問題を解くには,u,v 導関数を含まない形での決定式を導く必要がある。さりとて,(5.6) のままではいけない。この項は,(5.3) には現れない新たな未知関数 w を含んでいる。これも最終的には消去せねばならない。どうすれば良いのか。

結論から言えば,トレーサーの保存則 (5.6) に ρ を掛けて,z で微分すれば良い。これは通常の感覚からすると,ちょっとやる気がしない計算だ。しかし,逆問題を解く演算の方向(36 ページの表 1.1)には,しっかりと適合している。もちろん,微分した際に出てくる u,v の導関数はすべて (5.3) によって,ρ の言葉で書き直す。さらに,w の導関数は (5.5) と

(5.1) で消去する。これが計算の方針である。

方針に従って，計算を実行してみよう。まず，(5.6) に ρ を掛けて $(\rho u)\psi_x + (\rho v)\psi_y + (\rho w)\psi_z = 0$ である。これを z で微分すると

$$(\rho u)_z \psi_x + (\rho u)\psi_{xz} + (\rho v)_z \psi_y$$
$$+ (\rho v)\psi_{yz} + (\rho w)_z \psi_z + (\rho w)\psi_{zz} = 0 \tag{5.7}$$

となる。積の微分公式により (5.6) の各項の微分は 2 つの項を生む。よって，合計 6 項の式になった。このうち，第 1 項と第 3 項は (5.3) により ρ_y, ρ_x で表される。したがって，この 2 つの項は問題を生じない。また，第 2 項と第 4 項は u, v を（導関数ではなく）生のまま含んでいるので，これも OK。第 6 項は残したままにする。w は，必要があれば (5.6) により u, v で表すことができる。

問題は (5.7) の第 5 項だ。ここを，海水の質量保存則 (5.5) を用いて書き直し，さらに運動方程式 (5.1) を使うと

$$\text{第 5 項} = (\rho w)_z \psi_z \stackrel{(5.5)}{=} -\{(\rho u)_x + (\rho v)_y\}\psi_z$$
$$\stackrel{(5.1)}{=} \{(\mathrm{f}^{-1}p_y)_x - (\mathrm{f}^{-1}p_x)_y\}\psi_z = \mathrm{f}^{-2}\mathrm{f}'p_x\psi_z$$
$$\stackrel{(5.1)}{=} \mathrm{f}^{-2}\mathrm{f}'\rho\mathrm{f}v\psi_z = \mathrm{f}^{-1}\mathrm{f}'\rho v\psi_z$$

が得られる。ここで，コリオリパラメーター f は緯度 ϕ の関数，つまり y の関数だから $(\mathrm{f}^{-1})_x p_y = 0$ だ。2 行目は，これを用いて

$$(\mathrm{f}^{-1}p_y)_x - (\mathrm{f}^{-1}p_x)_y = \mathrm{f}^{-1}p_{yx} - \mathrm{f}^{-1}p_{xy} + \mathrm{f}^{-2}\mathrm{f}'p_x = \mathrm{f}^{-2}\mathrm{f}'p_x$$

第5章　海洋循環逆問題

と計算している。その結果，$f = f(y)$ の導関数 f' が出てきた。これはわかっている関数だから，出てきたって構わない。

こうして，第5項 $= f^{-1} f' \rho v \psi_z$ となり，生のままの v で表すことができた。$\rho \psi_z$ は観測データから得られる。本質的な計算は，これで済んでいる。だが折角だから，(5.7) を最後まで計算してみる。非常にきれいな式が得られるのだ。

第4項を変形すべく，$(f \psi)_{zy} = (f \psi_z)_y = f' \psi_z + f \psi_{zy}$ と式変形すると，$\psi_{zy} = f^{-1} (f \psi)_{zy} - f^{-1} f' \psi_z$ が得られる。$\psi_{yz} = \psi_{zy}$ だから，これに ρv を掛けたのが (5.7) の第4項だ。よって

$$\text{第4項} = \rho v \psi_{zy} = f^{-1} \rho v (f \psi)_{zy} - f^{-1} f' \rho v \psi_z$$

となる。ところが，この最後の項は，第5項 $= f^{-1} f' \rho v \psi_z$ とキャンセルする。つまり

$$\text{第4項} + \text{第5項} = \underline{f^{-1} \rho v (f \psi_z)_y}$$

となる。あーすっきりした。しかしすっきりついでに，f を括弧の外に出して，f^{-1} と打ち消したりしてはいけない。f は y の関数だ。$(f \psi)_{zy} = (f \psi_z)_y$ までは良いが，これ以上 f を外に出すことはできない。

あとは簡単，らくちんらくちん。(5.7) の第2項と第6項の和は，上に形をそろえて

$$\text{第2項} + \text{第6項} = \underline{f^{-1} \rho u (f \psi_z)_x + f^{-1} \rho w (f \psi_z)_z}$$

である。残りの第1項と第3項の和は

$$\text{第1項} + \text{第3項} = (\rho u)_z \psi_x + (\rho v)_z \psi_y \stackrel{(5.3)}{=} \underline{\frac{g}{f} (\rho_y \psi_x - \rho_x \psi_y)}$$

となる。(5.7) より，下線を付した3つを足すと0である。だから，f を掛けて

$$\rho u (\mathrm{f}\psi_z)_x + \rho v (\mathrm{f}\psi_z)_y + \rho w (\mathrm{f}\psi_z)_z + \mathrm{g}(\rho_y \psi_x - \rho_x \psi_y) = 0$$

である。最後の項を移項して $J = \rho_x \psi_y - \rho_y \psi_x$ とおくと

$$\boxed{\rho u (\mathrm{f}\psi_z)_x + \rho v (\mathrm{f}\psi_z)_y + \rho w (\mathrm{f}\psi_z)_z = \mathrm{g} J} \quad (5.8)$$

となる。これが計算結果，逆解析の原理だ。左辺には，u, v, w が導関数ではなく生の形で入っている。新しく w が出てきているが，前にも述べたように，これはトレーサーの保存則 (5.6) を用いて，u, v で表すことができる。

逆解析の原理 (5.8) は，1985年の論文「気候学水路学データからの北大西洋循環パターンの推定」で導出された。これも逆問題に関わる論文であることは，タイトルから一目瞭然だ。著者はオルバーズ，ベンツェル，ビレブラントの3名。彼らはウンシュならびにストンメル–スコットの仕事を俯瞰し，(5.8) に辿り着いた。ストンメル–スコットの β スパイラル法で用いられた方程式（ストンメル–スコット方程式）の一般形が得られたのである。

■逆のパス

逆解析の原理 (5.8) を用いて，逆問題

| 基準速度 | ← | トレーサーの観測データ |

を解こう。まず，方程式 (5.8) の未知量 w を (5.6) によって，

u, v で書き直し,未知量を 1 つ減らす。そのために,(5.8) に ψ_z を掛けて,$w\psi_z = -u\psi_x - v\psi_y$ を代入する。このとき

$$\rho u(\psi_z(\mathrm{f}\,\psi_z)_x - \psi_x(\mathrm{f}\,\psi_z)_z) + \rho v(\psi_z(\mathrm{f}\,\psi_z)_y - \psi_y(\mathrm{f}\,\psi_z)_z)$$
$$= \mathrm{g}\,J\,\psi_z$$

が得られる。ごじゃごじゃした式に見えるが,ここでも u, v 以外はすべて既知量である。もちろん,連続的に観測することは不可能だが,観測データからしかるべく与えられる量だ。そこで,ρu 以下の括弧内を $a(x, y, z)$,ρv 以下の括弧内を $b(x, y, z)$ とおけば,

$$a(x, y, z)\,\rho u + b(x, y, z)\,\rho v = \mathrm{g}\,J\,\psi_z$$

となる。$a(x, y, z)$ も $b(x, y, z)$ もやはり既知量だ。

この式に (5.4) を代入する。(5.4) それ自身は初期条件が入った式だから,初期条件が決まらぬ限り役には立たない。だが,ここでその式を使うのは方向がまるで違う。求めるべき基準速度 $u(x, y, z_0)$,$v(x, y, z_0)$ と観測量との関係式を求めるために代入するのだ。その計算を実行すれば

$$a(x, y, z)\left(\rho u(x, y, z_0) + \frac{\mathrm{g}}{\mathrm{f}}\int_{z_0}^{z}\rho_y\,dz\right)$$
$$+ b(x, y, z)\left(\rho v(x, y, z_0) - \frac{\mathrm{g}}{\mathrm{f}}\int_{z_0}^{z}\rho_x\,dz\right) = \mathrm{g}\,J\,\psi_z$$

となる。ますますもって複雑に見えるが,もはや未知の量は $u(x, y, z_0)$,$v(x, y, z_0)$ だけである。よって,上を展開して ρ で割って,既知量を右辺に移項してまとめて $c(x, y, z)$ と書

けば

$$a(x,y,z)u(x,y,z_0)+b(x,y,z)v(x,y,z_0)=c(x,y,z)$$

という方程式が得られる。これが，トレーサー観測データから基準速度への逆のパスとなる。

くどいようだが，a,b,c は観測データから得られる量で，求めるべき量は $u(x,y,z_0)$，$v(x,y,z_0)$ である。(x,y) を固定して深さ方向だけ書けば

$$a(z)u(z_0)+b(z)v(z_0)=c(z)$$

である。未知数は2つ，$u(z_0)$ と $v(z_0)$ である。方程式は1つしかないようだが，既知の $a(z)$ と $b(z)$ は関数だから変数 z に選択の余地がある。この余地をよちよちと2つ設定して，それを z_1，z_2 とする（図5.3参照）と

$$\begin{cases} a(z_1)u(z_0)+b(z_1)v(z_0)=c(z_1) \\ a(z_2)u(z_0)+b(z_2)v(z_0)=c(z_2) \end{cases}$$

となる。どうなったか。何のことはない，これは2つの未知数 $u(z_0),v(z_0)$ に対する連立1次方程式だ。第1章で言うところの鶴亀算，もとを辿れば雉兎同籠問題である。かくして，基準速度を定める問題は，連立1次方程式に帰着された。

係数 $a(z_1)$ 達は既知。しかしこれらは，海水の密度 ρ とトレーサーの濃度 ψ の観測データを適切に補間しつつ計算する必要がある。現実の問題に理論を運用するのは実際には，骨の折れる作業である。しかし，第1章や第2章で考えてきた逆問題と同様に，解は必ずある。真の基準速度は現実には存

第5章 海洋循環逆問題

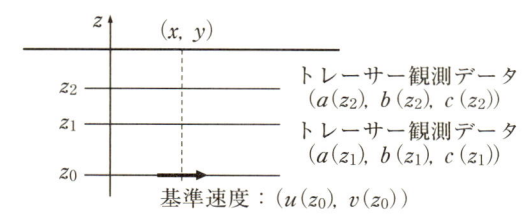

図5.3 基準速度

図中：
- z軸、(x, y)
- z_2：トレーサー観測データ $(a(z_2), b(z_2), c(z_2))$
- z_1：トレーサー観測データ $(a(z_1), b(z_1), c(z_1))$
- z_0：基準速度：$(u(z_0), v(z_0))$

在するのだ。そして理論的には，それは連立1次方程式を解くことにより決定できる。もちろん，ひとたび信頼できる基準速度が得られれば，任意の深さにおける速度場は (5.4) によって計算される。本来の海洋物理の目的は，この速度場の全体像を描くことにある。

上で観測の深さを2点とした。これは説明を端的にするためだ。もし，3点の深さレベルで観測ができれば，それに越したことはない。m点で観測できれば，さらに結構である。未知数2つに方程式m本は困るからと言って，誰も止めはしないだろう。だが，2つの未知数に対するm本の方程式はどう解けば良いのか。これは，次章のテーマとなる。

さらに，データ誤差の問題がある。上の基準速度を定める逆問題では，生の観測データから補間や近似を経て加工されたa, b, cを用いる。特にcはρ_yやρ_xの積分を用いるので，本来の観測誤差とは別の（補間による）誤差を含むことになる。この誤差が解に鋭敏に働くかどうかは生のデータに依存しており，人間の制御の及ぶところではない。観測を精密にすればするほど解が誤差に対し鋭敏になることだってあり得

るのだ。この原因や対処法（正則化法）は，第 7 章のテーマである。

　それにつけても，逆解析の原理 (5.8) は美しい式だ。「海のエンジン室」で数学がドクドクと脈打っている。そんな感じがしてくるのである。

第 6 章　逆問題としての連立1次方程式

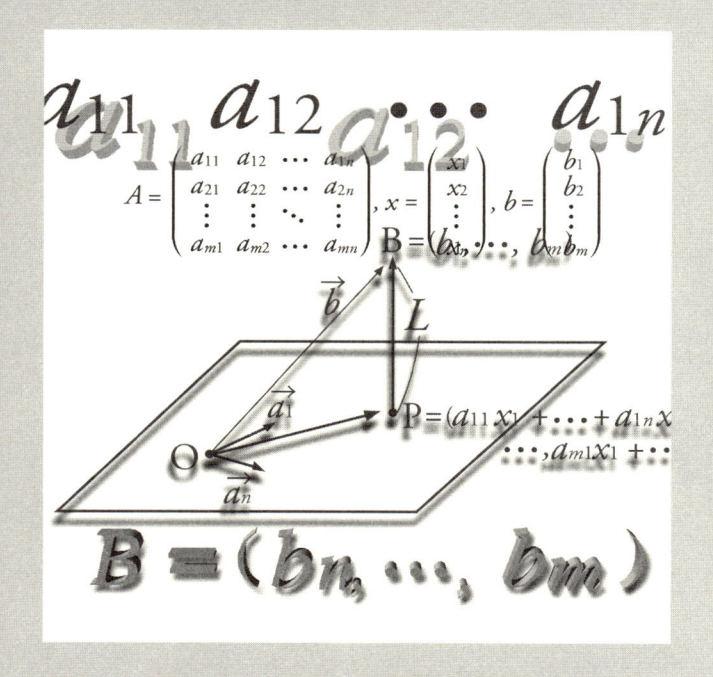

■最小2乗解

連立1次方程式も、未知数が直接観測できない場合には逆問題である。前章よりもシンプルな電気抵抗の例を挙げよう。

金属導線の（単位長さ，単位断面積あたりの）電気抵抗は，日常的な温度の範囲では，温度と1次関係にある。これが法則。抵抗を b オーム，温度を $t°C$ とすると，この法則は1次関数（直線）で表される。通常，この直線を

$$b = b_0(1 + \alpha t) \tag{6.1}$$

の形に書いて，α を温度係数と言う。b_0 と α は導線の金属組成で決まり，t には依らないというのが，この法則の意味である。グラフで示せば，以下の通り。

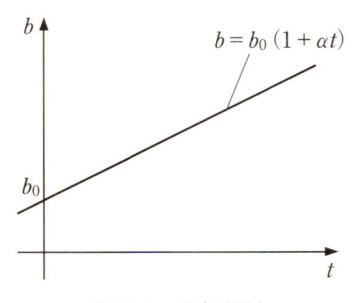

図 6.1 電気抵抗

(6.1) の係数である α と b_0 がわかっていれば，温度 t のときの電気抵抗 b がわかる。これは順問題で，単なる掛け算・足し算による計算である。

第6章 逆問題としての連立1次方程式

　実際には，使用する導線の温度係数や b_0 を初めに決定しておく必要があり，次の逆問題を解くことになる。

【逆問題】 電気抵抗の測定から α と b_0 を決定せよ。

例によって図解すれば

$$\boxed{1\text{次関数}} \xleftarrow{\text{法則}} \boxed{\text{電気抵抗の測定}}$$

となる。

　今，実験により2つの温度 t_1, t_2 における抵抗が測定されたとして，それを b_1, b_2 と書く。このとき

$$\begin{cases} b_0(1+\alpha t_1) = b_1 \\ b_0(1+\alpha t_2) = b_2 \end{cases} \quad \text{すなわち} \quad \begin{cases} b_0 + b_0 \alpha t_1 = b_1 \\ b_0 + b_0 \alpha t_2 = b_2 \end{cases}$$

だから，$x = b_0,\ y = b_0 \alpha$ とおいて

$$\begin{cases} x + t_1 y = b_1 \\ x + t_2 y = b_2 \end{cases}$$

となる。t_1, t_2 は何か与えられた数だから，これは連立1次方程式だ。この連立1次方程式は鶴亀算よりも簡単で，たとえば，$-19°\text{C}$ のときに 48.3 オーム，$30°\text{C}$ のときに 58.2 オームとすると $\alpha = \dfrac{y}{x} = 3.9 \times 10^{-3}$ なんて答えが得られる。

　何だ連立1次方程式か，何か面白いのかと思える。だが，逆問題としてのもとの目的から考えると，奇妙なこともある。もう1つ別の温度 t_3 における抵抗の値を測定してもう1つの式 $b_0 + b_0 \alpha t_3 = b_3$ が得られたとしてみよう。このとき，連立

1次方程式は

$$\begin{cases} x + t_1 y = b_1 \\ x + t_2 y = b_2 \\ x + t_3 y = b_3 \end{cases} \quad (6.2)$$

となる。今度は未知数2個で方程式3個の連立1次方程式だから、よほどの奇蹟でも起きない限り、この方程式には解がない。たとえば、誰かが「15°Cのときに54.8オームでした」と測定結果をもってきた場合だ。

このときこの人に、未知数2個で方程式3個は困るからその結果はいらない、余計なことをせんといてくれと言うだろうか。それは常識的に考えれば、馬鹿げている。労力を掛ければ良い結果が得られるはずなのに、解がなくなるからという理由でその労力を無にしようとしているのだから。このことは、既に第5章の海洋循環逆問題でも指摘した。抵抗のデータを捨てるのだって抵抗がある。ましてや船での観測データを無にするなんて耐え難い。

とはいっても、連立1次方程式 (6.2) に厳密解がないことも事実である。どう折り合いをつけるべきだろう。少し意識改革をする必要がある。

一般には厳密解がないのだから、解の概念を広げる必要がある。そのために、まず (6.2) が

$$(x + t_1 y - b_1)^2 + (x + t_2 y - b_2)^2 + (x + t_3 y - b_3)^2 = 0$$

と同値であることに注意しよう。このことに注意して、この式の左辺を最小にする x, y を解としよう。これは、左辺の

第6章 逆問題としての連立1次方程式

平方根を L と書けば

$$L^2 = (x+t_1 y - b_1)^2 + (x+t_2 y - b_2)^2 + (x+t_3 y - b_3)^2 \quad (6.3)$$

を最小にする x, y を解としようというのである。後の話に合わせるために L^2 を最小といったが、L を最小といっても同じこと。どちらでもかまわない。

0 にならないのなら最小でいいというのだからずいぶんとアバウトな解決法に思える。だが、バカボンのパパ風に言えば「これでいいのだ」。ときとして、このような自由で大胆な発想が学問の進歩につながる。

では、(6.3) の L を最小にする x, y はどのようにして求めるのか。いろいろな解法がある。微分法が好きなら、(6.3) を x や y で微分する手もある。ここでは、L が空間内の 2 点 $B = (b_1, b_2, b_3)$ と $P = (x+t_1 y, x+t_2 y, x+t_3 y)$ の距離であることを利用して次のように考えてみよう。

$P = x(1,1,1) + y(t_1, t_2, t_3)$ だから、P は 2 つのベクトル

$$\vec{a_1} = (1,1,1), \quad \vec{a_2} = (t_1, t_2, t_3)$$

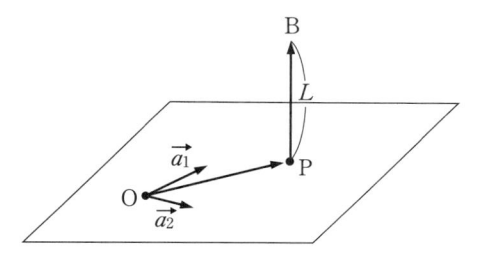

図 6.2 距離を最小にしよう

で張られる平面上にある。x と y を動かすと P はこの平面上をあちこち動く。このとき，PB が最小になるのは，図 6.2 のように PB が平面と垂直になるときである。このとき，$\overrightarrow{PB}$ は $\vec{a_1}$ とも $\vec{a_2}$ とも直交する。ゆえに $\overrightarrow{PB}$ と $\vec{a_i}$ との内積 $\overrightarrow{PB} \cdot \vec{a_i}$ は 0 となる。すなわち

$$\overrightarrow{PB} \cdot \vec{a_1} = \overrightarrow{PB} \cdot \vec{a_2} = 0 \tag{6.4}$$

である。

これを，成分を用いて計算すると

$$\overrightarrow{PB} = (b_1 - (x+t_1 y), b_2 - (x+t_2 y), b_3 - (x+t_3 y))$$

と $\vec{a_1} = (1, 1, 1)$ との内積を計算して

$$\overrightarrow{PB} \cdot \vec{a_1}$$
$$= (b_1 - (x+t_1 y)) + (b_2 - (x+t_2 y)) + (b_3 - (x+t_3 y))$$
$$= (b_1 + b_2 + b_3) - 3x - (t_1 + t_2 + t_3)y = 0$$

が得られる。同様にして

$$\overrightarrow{PB} \cdot \vec{a_2}$$
$$= (b_1 - (x+t_1 y))t_1 + (b_2 - (x+t_2 y))t_2 + (b_3 - (x+t_3 y))t_3$$
$$= (b_1 t_1 + b_2 t_2 + b_3 t_3) - (t_1 + t_2 + t_3)x - (t_1{}^2 + t_2{}^2 + t_3{}^2)y$$
$$= 0$$

となる。この 2 つから (2) の L を最小にする x, y は，連立 1 次方程式

$$\begin{cases} 3x+(t_1+t_2+t_3)y=b_1+b_2+b_3 \\ (t_1+t_2+t_3)x+(t_1{}^2+t_2{}^2+t_3{}^2)y=b_1\,t_1+b_2\,t_2+b_3\,t_3 \end{cases}$$

を解くことにより得られる。

この連立 1 次方程式は，シグマ記号を使えば

$$\begin{cases} \left(\sum_{i=1}^{3} 1\right) x + \left(\sum_{i=1}^{3} t_i\right) y = \sum_{i=1}^{3} b_i \\ \left(\sum_{i=1}^{3} t_i\right) x + \left(\sum_{i=1}^{3} t_i{}^2\right) y = \sum_{i=1}^{3} b_i\,t_i \end{cases} \tag{6.5}$$

と書くことができる。$\left(\sum_{i=1}^{3} 1\right)$ は単に 1 を 3 回足すだけだから 3 なのだが，あとの都合でこう書いておきたい。いずれにせよ，(6.5) は未知数 2 個，方程式 2 本で解くことができる。たとえば，前の

$$t_1 = -19,\ b_1 = 48.3, \quad t_2 = 30,\ b_2 = 58.2$$

に加えて

$$t_3 = 15,\ b_3 = 54.8$$

のときは，(6.5) は

$$\begin{cases} 3\,x+26\,y=161.3 \\ 26\,x+1486\,y=1650.3 \end{cases}$$

である。これを解いて x, y を求めて $\dfrac{y}{x}$ を計算すると，

$\alpha = 3.8 \times 10^{-3}$ という答えが得られる。結果は,前と微妙に違うが,どの測定結果も同程度の信頼が持てるとすれば,この結果は前の結果の改善と言える。

このように,方程式 (6.2) をみたす x, y は無いが,(6.3) の L を最小にする x, y は存在する。上の計算の細かいところは,だいたいの感じをつかんで頂ければ結構である。ここでの要点は,(6.2) の解は存在しないとあきらめることなく,(6.5) により (6.1) の α を決定したことにある。

さて,さらに別の観測結果が出てきたらどうするか。もちろん考慮すべきである。計算はどうするか。もはや,どうということはない。(6.5) の 3 を 4 に,そして 4 を 5 にして,一般には 3 を測定回数の m に変えるだけのことである。そんなことをしたら内積が使えなくなるという心配は杞憂であり,図には書けなくなるが,すべては空間を m 次元空間に直して同様に議論することができる。

上のように距離を最小にする解を,最小 2 乗解と言う。これは,古典的な数学で,その考え方の源流は少なくともアドリアン–マリ・ルジャンドルの 1805 年の研究にまで遡ることができる。このアイデアが 20 世紀になってから,未知数と方程式の個数が異なる方程式の解を求める一般的な方法(一般逆行列の理論)に進化した。このことを,段階を追って説明しよう。

■過剰決定系・不足決定系

電気抵抗 (6.1) の α と b_0 の決定は,測定回数を m とすれば,図 6.3 のような m 個の測定結果(データ)に最も適合(フィット)する直線(回帰直線と言う)を引くことである。

計算をしなくても、視覚的に引けば、だいたい図 6.1 のような直線が引ける。その科学的根拠を与えるのが、最小 2 乗解の方法である。

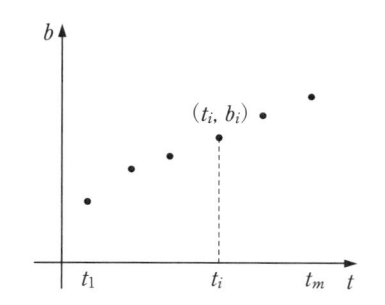

図 6.3 1 次のデータ・フィッティング

このように、何点かの観測データに適合するしかるべきグラフ（上では 1 次関数だが 2 次関数やもっと複雑な関数のときもある）を決定する問題を、データ・フィッティングと言う。これは、何点かの観測データを全体像として、関数の（α や b_0 のような）パラメーターという要素を定める問題だから、逆問題の一種である。

ついでに言えば、あるモデルに組み込まれたパラメーターを、観測データから決定する問題はパラメーター同定の問題と言う。パラメーターが定まるとモデルのシステムが決定されるから、システム同定という言葉も用いられる。もちろん、これらも逆問題である。

もとの問題 (6.2) は、未知数が 2 個で方程式が 3 本ある。さらに測定結果が m と多くなった場合も、未知数よりそれを定

める方程式の本数が多い。このため厳密解の枠内では解は求められない。これらは，方程式の本数すなわち未知数に対する条件が過剰と言える。この感覚から，未知数より方程式の本数が多い連立方程式（システム）を，過剰決定系と言う。

逆に，未知数の個数より方程式の数が少ない場合もある。これを不足決定系と言う。観測結果が少ない状況だと，このような条件の不足した連立方程式を解く必要が生ずる。特に，海洋科学のように観測量がスパース（希薄）な分野の研究や，貴重な試料を扱う実験結果において，この必要が生じる。たとえば，切断が（縦または横の）一方向にしか行えない素材の部分質量を調べる問題を考えてみよう。

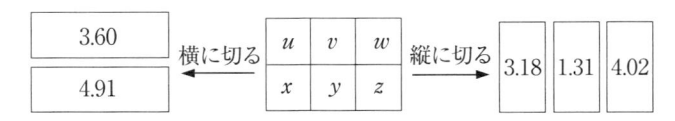

図 6.4　部分質量

断面が長方形の試料を 6 等分割したそれぞれの部分の質量 u, v, w, x, y, z を知りたいのだが，この試料は素材が柔らかく，あまり細分することができない。しかも，試料は 2 つだけしかない。仕方がないので 1 つを横に 2 等分に切断し（図 6.4 の左図），もう 1 つを縦に 3 等分に切断し（図 6.4 の右図），5 つの切断片の質量を計測したところ，図 6.4 の数値を得た。数値の単位は，グラムとしておくが，ここの話では質量の単位ならば何でも良い。

このとき，6 個の未知数 u, v, w, x, y, z に対し，得られる連

第6章 逆問題としての連立1次方程式

立 1 次方程式は

$$\begin{cases} u+v+w=3.60, \ \ x+y+z=4.91, \\ u+x=3.18, \ \ v+y=1.31, \ \ w+z=4.02 \end{cases} \quad (6.6)$$

の 5 本である。これでは，もちろん u,v,w,x,y,z の 6 つの未知数は決定されない。不足決定系であり，解はたくさん，しかも無数に存在することになる。しかし，計測結果を活かして，何らかの結論を得たい。どう考えれば良いだろうか。

そのことを考える前に，表記法を 1 つ導入しておこう。連立 1 次方程式 (6.6) は見づらいので，係数と未知数を分離して次のように書く。

$$\begin{pmatrix} 1 & 1 & 1 & 0 & 0 & 0 \\ 0 & 0 & 0 & 1 & 1 & 1 \\ 1 & 0 & 0 & 1 & 0 & 0 \\ 0 & 1 & 0 & 0 & 1 & 0 \\ 0 & 0 & 1 & 0 & 0 & 1 \end{pmatrix} \begin{pmatrix} u \\ v \\ w \\ x \\ y \\ z \end{pmatrix} = \begin{pmatrix} 3.60 \\ 4.91 \\ 3.18 \\ 1.31 \\ 4.02 \end{pmatrix} \quad (6.7)$$

連立 1 次方程式の係数は，左の大きな括弧の中に全部入っている。これを見れば，係数は全部わかるという寸法だ。これを行列と言う。行（横）と列（縦）があるので行列だ。これと，未知数を縦 1 列に並べたものとの演算は，行列の方は横にたどり，未知数の方は縦にたどり対応するところを掛けていくのがルールになる。

たとえば，行列の上から 4 行目を横にたどり，対応する未知数を縦にたどって掛けていくと

$$0 \cdot u + 1 \cdot v + 0 \cdot w + 0 \cdot x + 1 \cdot y + 0 \cdot z = v + y$$

となる。これが右辺の上から 4 行目の 1.31 に等しいとした式が，$v + y = 1.31$ であり，それは方程式 (6.6) の 4 番目の式である。他の計算の確認は，お任せということで。

■最小 2 乗解の方程式

過剰決定系も不足決定系もひっくるめて一般的に，未知数が n 個，方程式が m の連立方程式の解を求める方法を考えてみよう。もちろん，この解はもはや数式を完全にみたすというわけでもないし，その解がただ 1 つの解というわけでもない。とにかく電気抵抗の測定やら，部分質量の決定など，実際の問題に対して，現実に即して納得しうる解を求めるのだ。これを，過剰決定系も不足決定系もぜーんぶひっくるめてやろうというのだから，そんなに簡単なことではない。実際に，こんなことが体系的にできるようになったのは，20 世紀後半以降のことである。

n が大きくなると，(6.2) の x, y とか (6.7) の $u, \cdots, z$ のように書いていては文字が足りない。文字が足りないともじもじするから，未知数を $x_1, x_2, \cdots, x_n$ と書き，方程式を

$$\begin{cases} a_{11} x_1 + a_{12} x_2 + \cdots + a_{1n} x_n = b_1 \\ a_{21} x_1 + a_{22} x_2 + \cdots + a_{2n} x_n = b_2 \\ \quad \cdots\cdots\cdots\cdots \\ a_{m1} x_1 + a_{m2} x_2 + \cdots + a_{mn} x_n = b_m \end{cases} \quad (6.8)$$

と書く。少し煩雑だが，仕方がない。一般的に書くと，こうなってしまう。これが，連立 1 次方程式の一般的な表示だ。

(6.2) では $n=2, m=3$, (6.6) では $n=6, m=5$ である。ここまでくれば，雉兎同籠やら鶴亀算どころのさわぎではない。雉も兎も鶴も亀も恐竜もにゃんこもワンワンもみーんな，さあ掛かってこい。

みーんな掛かってきたって，行列を使えば見やすくなる。すなわち

$$A = \begin{pmatrix} a_{11} & a_{12} & \cdots & a_{1n} \\ a_{21} & a_{22} & \cdots & a_{2n} \\ \vdots & \vdots & \ddots & \vdots \\ a_{m1} & a_{m2} & \cdots & a_{mn} \end{pmatrix}, \; \boldsymbol{x} = \begin{pmatrix} x_1 \\ x_2 \\ \vdots \\ x_n \end{pmatrix}, \; \boldsymbol{b} = \begin{pmatrix} b_1 \\ b_2 \\ \vdots \\ b_m \end{pmatrix}$$

とおくと，連立 1 次方程式 (6.8) は

$$A\boldsymbol{x} = \boldsymbol{b} \tag{6.9}$$

と表される。これは，(6.6) を (6.7) と書いたのと同様の記法である。実にすっきり。$\boldsymbol{x}$ は雉や兎や鶴や亀や鴨やティラノサウルスやラプトルや何やらわからん未知数が団体でつまったもので，$\boldsymbol{b}$ は観測データ。そう思っていれば，どうということはないし，実際それ以上のものではない。

さて，(6.8) の最小 2 乗解すなわち

$$L^2 = (a_{11} x_1 + \cdots + a_{1n} x_n - b_1)^2 + \cdots$$
$$\cdots + (a_{m1} x_1 + \cdots + a_{mn} x_n - b_m)^2$$

を最小にする解 $(x_1, \cdots, x_n)$ を求めてみよう。これは，(6.3) と同様に考えればできる。ただし，ここでは，L は

$$B = (b_1, \cdots, b_m)$$

と

$$P = x_1 (a_{11}, \cdots, a_{m1}) + \cdots + x_n (a_{1n}, \cdots, a_{mn})$$

との距離である。

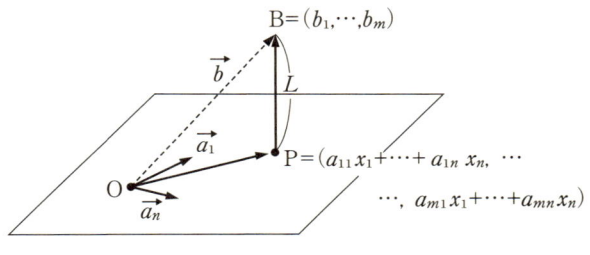

図 6.5　最小 2 乗解

P は n 個のベクトル

$$\begin{cases} \vec{a_1} = (a_{11}, a_{21}, \cdots, a_{m1}) \\ \vec{a_2} = (a_{12}, a_{22}, \cdots, a_{m2}) \\ \cdots\cdots\cdots \\ \vec{a_n} = (a_{1n}, a_{2n}, \cdots, a_{mn}) \end{cases} \quad (6.10)$$

を用いて，$P = x_1 \vec{a_1} + \cdots + x_n \vec{a_n}$ と書かれる。そして，$(x_1, \cdots, x_n)$ が動くとき，P は図 6.5 の面の上を動くと考えて良い。さらに，$\vec{b} = \overrightarrow{\mathrm{OB}}$ と略記すれば，$\overrightarrow{\mathrm{PB}}$ は

$$\overrightarrow{\mathrm{PB}} = \overrightarrow{\mathrm{OB}} - \overrightarrow{\mathrm{OP}} = \vec{b} - x_1 \vec{a_1} - \cdots - x_n \vec{a_n} \quad (6.11)$$

となる。このとき, $(x_1,\cdots,x_n)$ が (6.8) の最小 2 乗解となるためには, $\overrightarrow{PB}$ が $\overrightarrow{a_1},\cdots\overrightarrow{a_n}$ と直交することが条件。よって, (6.4) と同様に

$$\overrightarrow{PB}\cdot\overrightarrow{a_1}=\cdots=\overrightarrow{PB}\cdot\overrightarrow{a_n}=0 \tag{6.12}$$

が条件となる。ここでも $\overrightarrow{PB}\cdot\overrightarrow{a_i}$ は, $\overrightarrow{PB}$ と $\overrightarrow{a_i}$ の内積である。

(6.12) のうちの 1 つ $\overrightarrow{PB}\cdot\overrightarrow{a_i}=0$ に (6.11) を代入すると

$$(\vec{b}-x_1\overrightarrow{a_1}-\cdots-x_n\overrightarrow{a_n})\cdot\overrightarrow{a_i}=0$$

である。これを展開して

$$\vec{b}\cdot\overrightarrow{a_i}-x_1\,(\overrightarrow{a_1}\cdot\overrightarrow{a_i})-\cdots-x_n\,(\overrightarrow{a_n}\cdot\overrightarrow{a_i})=0$$

が得られるので, 整理して

$$(\overrightarrow{a_1}\cdot\overrightarrow{a_i})\,x_1+\cdots+(\overrightarrow{a_n}\cdot\overrightarrow{a_i})\,x_n=\vec{b}\cdot\overrightarrow{a_i}$$

となる。これが $i=1,\cdots,n$ で成り立ち, 結局, $(x_1,\cdots,x_n)$ が (6.8) の最小 2 乗解となるための条件は

$$\begin{cases} (\overrightarrow{a_1}\cdot\overrightarrow{a_1})\,x_1+\cdots+(\overrightarrow{a_n}\cdot\overrightarrow{a_1})\,x_n=\vec{b}\cdot\overrightarrow{a_1} \\ \cdots\cdots\cdots \\ (\overrightarrow{a_1}\cdot\overrightarrow{a_n})\,x_1+\cdots+(\overrightarrow{a_n}\cdot\overrightarrow{a_n})\,x_n=\vec{b}\cdot\overrightarrow{a_n} \end{cases} \tag{6.13}$$

となる。式だけ見ると面倒だが, $\overrightarrow{a_i}$ や $\vec{b}$ は実際の問題では与えられた数値のまとまりだから, これは未知数の個数も方程式の本数も, ともに n の連立 1 次方程式である。

この式 (6.13) が, (6.8) の最小 2 乗解に対する方程式とな

る。(6.8) の最小 2 乗解は必ず (6.13) をみたすし，逆に (6.13) の解は，(6.8) の最小 2 乗解である。したがって，以後 (6.13) の解を最小 2 乗解といっても同じことである。その意味を考えるときには，距離 L を最小にすると思う方がはっきりするが，実際の計算は (6.13) で行うことになる。

もちろん，(6.2) に対する (6.13) は (6.5) である。これは，(6.5) を得たのに味をしめて同じ計算を一般の方程式 (6.8) に対して行ったのだから，当然のことである。もちろん，計算でも確かめられる。

部分質量の方程式 (6.7) に対しては

$$\begin{cases} \vec{a_1} = (1,0,1,0,0) \\ \vec{a_2} = (1,0,0,1,0) \\ \vec{a_3} = (1,0,0,0,1) \\ \vec{a_4} = (0,1,1,0,0) \\ \vec{a_5} = (0,1,0,1,0) \\ \vec{a_6} = (0,1,0,0,1) \end{cases}$$

であるから，内積 $\vec{a_i} \cdot \vec{a_j}$ は計算できる。これは，対応するところを掛けて足し合わせれば良い。たとえば，$\vec{a_3} \cdot \vec{a_6}$ は，6 番目の 1×1 以外はすべて 0 が出てくるので $\vec{a_3} \cdot \vec{a_6} = 1$ という具合だ。また，$\vec{b} = (3.60, 4.91, 3.18, 1.31, 4.02)$ より $\vec{b} \cdot \vec{a_1} = 3.60 + 3.18 = 6.78$ と計算される。まあ計算は任せてもらおう。結果は，もとの (6.7) に合わせて $(x_1, x_2, x_3, x_4, x_5, x_6)$ の代わりに (u, v, w, x, y, z) で書くと

第6章　逆問題としての連立1次方程式

$$\begin{cases} 2u+v+w+x=6.78 \\ u+2v+w+y=4.91 \\ u+v+2w+z=7.62 \\ u+2x+y+z=8.09 \\ v+x+2y+z=6.22 \\ w+x+y+2z=8.93 \end{cases} \quad (6.14)$$

となる。これが，部分質量の方程式 (6.7) に対する最小 2 乗解の方程式になる。

式が多い上に 1 つ 1 つが幅をとっていて，何をやっとるのだ，と御叱りを受けそう。こんな計算が受けるのは，計算オタクだけかも。まあ適当に，読み流していただいても結構。とにかく，大切なことは，以下の 3 点である。

(1) 連立 1 次方程式には一般にはその数式をみたす解はないから，その代わりに少しだけ「弱い解」として最小 2 乗解という概念を導入した。
(2) 最小 2 乗解を用いて，実際の問題に対し，現実に即した解，すなわち現実的に最適な解を見つけようとしている。
(3) 現時点で，最小 2 乗解の方程式 (6.13) を手に入れることに成功した。

最小 2 乗解の方程式 (6.13) を簡潔に記す，いい手がある。(6.8) の係数の行列

$$A = \begin{pmatrix} a_{11} & a_{12} & \cdots & a_{1n} \\ a_{21} & a_{22} & \cdots & a_{2n} \\ \vdots & \vdots & \ddots & \vdots \\ a_{m1} & a_{m2} & \cdots & a_{mn} \end{pmatrix} \tag{6.15}$$

の横と縦をひっくり返した行列を転置行列といい，^tA と書く。つまり，(6.15) の 1 行目，$a_{11}, a_{12}, \cdots, a_{1n}$ と並んでいるものを縦に書く。同様に，2 行目以降も縦に書く。最後の m 行目，$a_{m1}, a_{m2}, \cdots, a_{mn}$ まで縦にして，できる行列は

$$^tA = \begin{pmatrix} a_{11} & a_{21} & \cdots & a_{m1} \\ a_{12} & a_{22} & \cdots & a_{m2} \\ \vdots & \vdots & \ddots & \vdots \\ a_{1n} & a_{2n} & \cdots & a_{mn} \end{pmatrix} \tag{6.16}$$

である。このとき，転置行列 ^tA と A の積を作ると

$$^tA\,A = \begin{pmatrix} a_{11} & a_{21} & \cdots & a_{m1} \\ a_{12} & a_{22} & \cdots & a_{m2} \\ \vdots & \vdots & \ddots & \vdots \\ a_{1n} & a_{2n} & \cdots & a_{mn} \end{pmatrix} \begin{pmatrix} a_{11} & a_{12} & \cdots & a_{1n} \\ a_{21} & a_{22} & \cdots & a_{2n} \\ \vdots & \vdots & \ddots & \vdots \\ a_{m1} & a_{m2} & \cdots & a_{mn} \end{pmatrix}$$

となる。これを (6.7) に対するのと同様に計算してみる。左の行列の 1 行目を横にたどりながら，右の行列の 1 列目を縦にたどって対応するところを掛けていく。結果は

$$a_{11}{}^2 + a_{21}{}^2 + \cdots + a_{m1}{}^2$$

第6章　逆問題としての連立1次方程式

だ。これは (6.10) の $\vec{a_1}$ と $\vec{a_1}$ の内積 $a_{11}{}^2+\cdots+a_{m1}{}^2$ に一致する。これは (6.13) の最初の係数 $\vec{a_1}\cdot\vec{a_1}$ である。

もう1つ，左の行列の1行目を横にたどりながら，右の行列の n 列目（最後の列）を縦にたどって対応するところを掛けていく。結果は

$$a_{11}a_{1n}+a_{21}a_{2n}+\cdots+a_{m1}a_{mn}$$

だが，これは (6.10) の $\vec{a_n}$ と $\vec{a_1}$ の内積 $\vec{a_n}\cdot\vec{a_1}$ であり，(6.13) の1行目の x_n の係数である。(6.13) では $(\vec{a_n}\cdot\vec{a_1})$ と括弧がついているけど，それはかっこつけただけだ。

こうして，${}^tA\,A$ は (6.13) の x_1 から x_n の係数に一致していることがわかる。一方

$${}^tA\,\boldsymbol{b}=\begin{pmatrix} a_{11} & a_{21} & \cdots & a_{m1} \\ a_{12} & a_{22} & \cdots & a_{m2} \\ \vdots & \vdots & \ddots & \vdots \\ a_{1n} & a_{2n} & \cdots & a_{mn} \end{pmatrix}\begin{pmatrix} b_1 \\ b_2 \\ \vdots \\ b_m \end{pmatrix}=\begin{pmatrix} \vec{b}\cdot\vec{a_1} \\ \vec{b}\cdot\vec{a_2} \\ \vdots \\ \vec{b}\cdot\vec{a_n} \end{pmatrix}$$

で，これは (6.13) の右辺である。というわけで，どうなったかというと，結局 (6.13) は

$${}^tA\,A\begin{pmatrix} x_1 \\ \vdots \\ x_n \end{pmatrix}={}^tA\,\boldsymbol{b}$$

と表されることがわかった。(6.9) の書き方に合わせば

153

$$^t\!A A\,x = {}^t\!A\,b \tag{6.17}$$

である。以上により，最小 2 乗解の方程式 (6.13) は，上の簡潔な形 (6.17) で表される。驚いたことに，これは (6.9) の両辺に $^t\!A$ を左から掛けただけである。

少なくとも，非常に覚えやすい。

$$\boxed{A\,x = b \text{ の最小 2 乗解の方程式は，} {}^t\!A A\,x = {}^t\!A\,b}$$

これだけである。計算も，A の転置行列を左から掛けるだけだから，明確である。ちなみに，転置行列を $^t\!A$ と書くのは，転置 = transpose の頭文字の t から来ている。A^T と書く流儀もあるが，本書では $^t\!A$ と書く。どちらにしても，縦のものを横にした行列だから，記号の見た目よりずっと単純だ。

何かの折に「縦のものを横にもしないんだから。まったくもう」と叱られたら，胸を張って答えよう。「今日，転置行列の計算をしたよ」というわけで，(6.7) で現れた行列の転置行列を求められたし。

(6.17) と (6.13) が同じものであることを実感するために，今求めた転置行列を，(6.7) の左辺と右辺に掛けてみよう。左辺に，$^t\!A$ を掛けると

$$\begin{pmatrix} 1 & 0 & 1 & 0 & 0 \\ 1 & 0 & 0 & 1 & 0 \\ 1 & 0 & 0 & 0 & 1 \\ 0 & 1 & 1 & 0 & 0 \\ 0 & 1 & 0 & 1 & 0 \\ 0 & 1 & 0 & 0 & 1 \end{pmatrix} \begin{pmatrix} 1 & 1 & 1 & 0 & 0 & 0 \\ 0 & 0 & 0 & 1 & 1 & 1 \\ 1 & 0 & 0 & 1 & 0 & 0 \\ 0 & 1 & 0 & 0 & 1 & 0 \\ 0 & 0 & 1 & 0 & 0 & 1 \end{pmatrix} \begin{pmatrix} u \\ v \\ w \\ x \\ y \\ z \end{pmatrix}$$

第6章　逆問題としての連立1次方程式

$$
= \begin{pmatrix} 2 & 1 & 1 & 1 & 0 & 0 \\ 1 & 2 & 1 & 0 & 1 & 0 \\ 1 & 1 & 2 & 0 & 0 & 1 \\ 1 & 0 & 0 & 2 & 1 & 1 \\ 0 & 1 & 0 & 1 & 2 & 1 \\ 0 & 0 & 1 & 1 & 1 & 2 \end{pmatrix} \begin{pmatrix} u \\ v \\ w \\ x \\ y \\ z \end{pmatrix} \tag{6.18}
$$

となる。一方，(6.7) の右辺に，${}^tA$ を掛けると

$$
{}^tA\,\boldsymbol{b} = \begin{pmatrix} 1 & 0 & 1 & 0 & 0 \\ 1 & 0 & 0 & 1 & 0 \\ 1 & 0 & 0 & 0 & 1 \\ 0 & 1 & 1 & 0 & 0 \\ 0 & 1 & 0 & 1 & 0 \\ 0 & 1 & 0 & 0 & 1 \end{pmatrix} \begin{pmatrix} 3.60 \\ 4.91 \\ 3.18 \\ 1.31 \\ 4.02 \end{pmatrix} = \begin{pmatrix} 6.78 \\ 4.91 \\ 7.62 \\ 8.09 \\ 6.22 \\ 8.93 \end{pmatrix} \tag{6.19}
$$

となる。そして，(6.18) と (6.19) の右辺を等しいとして得られる式は，もちろん (6.14) である。

もう1つ，補足したい。行列 ${}^tA\,A$ は右上から左下に引いた対角線に関して，対称な行列になる。(6.18) の行列を，対角線について折り返して欲しい。もちろん，実際にこの本を折ることはできないので，気持ちでどうぞ。折り返した際に重なるところの数値は確かに一致しているでしょう。

このことは，A がどんな行列でも，成り立つ。それは，(6.13) を見れば，納得できる。2つのベクトルの内積は，この2つのベクトルを入れ替えても変わらない。そこで，たとえば $\overrightarrow{a_n} \cdot \overrightarrow{a_1} = \overrightarrow{a_1} \cdot \overrightarrow{a_n}$ である。よって (6.13) で，最初の式の x_n の係数

と最後の式の x_1 の係数は等しい。

再び，式やら理屈やらが多くなった。要点を抜粋すれば，連立1次方程式 $A\bm{x}=\bm{b}$ の最小2乗解の方程式は (6.13) だが，それは ${}^tA A\bm{x} = {}^tA\bm{b}$ とも書かれる。

■長さ最小の最小2乗解

連立1次方程式をみたす解は一般には存在しない。しかし，最小2乗解はいつでも存在する。それは，図 6.5 の垂線の足 P のところに $x_1\vec{a_1}+\cdots+x_n\vec{a_n}$ がくるように取った $(x_1, x_2, \cdots, x_n)$ である。

そこで，最小2乗解がただ1つに定まる場合には，すなわち (6.17) の解がただ1つであれば，最小2乗解で現実的な解を定めることができる。しかし一般には，残念ながら (6.17) の解 $(x_1, x_2, \cdots, x_n)$ は，ただ1つには決まらない。言い換えれば，最小2乗解の方程式 ${}^tA A\bm{x} = {}^tA\bm{b}$ には，解がたくさんあり得る。しかも無限個だ。不足決定系では，この状況が生ずる。

部分質量の方程式 (6.6) に対しても，この状況が生じている。その最小2乗解の方程式 (6.14) は，未知数が6個で方程式が6本あるので，一見すると，解がただ1つに決まるようにみえる。だが，実際には

第6章　逆問題としての連立1次方程式

$$\begin{cases} u = 3.18 - s \\ v = 1.31 - t \\ w = -0.89 + s + t \\ x = s \\ y = t \\ z = 4.91 - s - t \end{cases} \quad (6.20)$$

を (6.14) に代入すると，s, t が何であっても，この u, v, w, x, y, z が (6.14) をみたすことが確認できる。たとえば，

$$u + 2x + y + z = 3.18 - s + 2s + t + 4.91 - s - t = 8.09$$

より，(6.14) の 4 本目が成立する。他も，同様だ。

(6.20) は，(6.14) の下 3 本を利用して，u, v, w を x, y, z で表し，それを上 3 本に代入して求めた。そのことは，ここでは重要でない。何かしら，(6.14) を変形していけば，同等の表示にたどりつく。必ずしも (6.20) の形にはならないかもしれないが，それでも良い。正しく計算すれば，パラメーターを 2 つもった似たような式が得られるであろう。

大切なことは，2 つのパラメーター s, t の値は何でもいいのだから，解は無限個それも自由度 2 の無限個もあるということである。この中からどうやって，最も現実に即した解を選び出すのか。これが新たな問題となる。

どの最小 2 乗解を，現実に即した解として選出するか。この選択は，もとの個々の問題による。もし，何らかの先験的な材料があればそれも加味すべきである。しかし，他に何も材料がないとすれば，すべての数値の平均は 0 であると考え

て，$(0, 0, \cdots, 0)$ に一番近い最小 2 乗解を選択する。これが，基本となる。

(6.20) に対して，そのような解を求めてみよう。考え方は，これまでの議論に似ている。

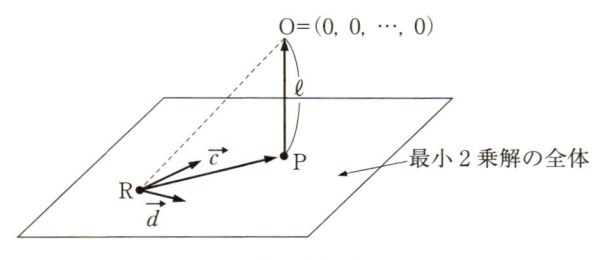

図 6.6　長さ最小の最小 2 乗解

今度は，図 6.6 の平面で最小 2 乗解の全体を表す。そして点 R を，R=(3.18, 1.31, −0.89, 0, 0, 4.91) とし

$$\vec{c} = (-1, 0, 1, 1, 0, -1), \quad \vec{d} = (0, -1, 1, 0, 1, -1)$$

とおくと，(6.20) より，この平面上の点 P は

$$\overrightarrow{OP} = \overrightarrow{OR} + s\vec{c} + t\vec{d} \tag{6.21}$$

と表される。パラメーター s と t がいろいろな数値をとって変化するとき，P はこの平面上をあちこち動く。このとき，原点からの距離 ℓ が最小になるのは，例によって，$\overrightarrow{OP}$ が $\vec{c}$ と $\vec{d}$ の両方に直交するときだ。そこで

$$\overrightarrow{\mathrm{OP}} \cdot \vec{c} = \overrightarrow{\mathrm{OR}} \cdot \vec{c} + s(\vec{c} \cdot \vec{c}) + t(\vec{d} \cdot \vec{c}) = 0$$
$$\overrightarrow{\mathrm{OP}} \cdot \vec{d} = \overrightarrow{\mathrm{OR}} \cdot \vec{d} + s(\vec{c} \cdot \vec{d}) + t(\vec{d} \cdot \vec{d}) = 0$$

で s,t を定めて，$\overrightarrow{\mathrm{OP}} = \overrightarrow{\mathrm{OR}} + s\vec{c} + t\vec{d}$ を計算すれば，それが原点からの距離を最小にする最小2乗解を与える。

内積を計算すると，$\vec{c} \cdot \vec{c} = 4$, $\vec{c} \cdot \vec{d} = \vec{d} \cdot \vec{c} = 2$, $\vec{d} \cdot \vec{d} = 4$ となる。また，$\overrightarrow{\mathrm{OR}} \cdot \vec{c} = -8.98$, $\overrightarrow{\mathrm{OR}} \cdot \vec{d} = -7.11$ となる。よって，s,t は

$$\begin{cases} 4s + 2t = 8.98 \\ 2s + 4t = 7.11 \end{cases}$$

をみたす。これは，ほとんど鶴亀算。ちょっと計算して，$s = 1.80833\cdots$, $t = 0.87333\cdots$ が得られる。これを (6.20) に代入して，小数点第2位まで求めると

$$u = 1.37, v = 0.44, w = 1.79, x = 1.81, y = 0.87, z = 2.23$$

である。図 6.4 に答えを書き込むと，図 6.7 が得られる。

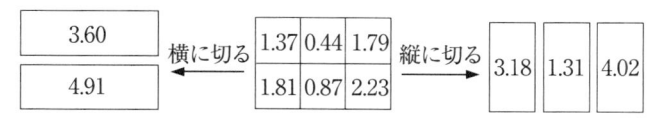

図 6.7　部分質量の答え

まあ，それなりに納得できる答えである。少なくとも，一定のルールに基づいて求めた解だから「あてずっぽうで根拠

がない」とは、言われない。これが、部分質量の問題に対する基本的な解答である。繰り返しになるが、納得がいかない場合には、さらなる考察を加える必要があり、あくまでこれは基本的な答えだ。

ここまで、過剰決定系である (6.2) や、不足決定系である部分質量の問題 (6.6) を例に取り、方程式をみたす解が存在しない、あるいはたくさんあるような方程式に対して、どのように現実的な解を見つけるか、を考察してきた。

この考察は、方程式 (6.8) がどのようなものであっても、基本的な解を見つける方法を与える。それは、$Ax=b$ の最小2乗解が1つに決まらないときは、最小2乗解、すなわち $^tAAx = {^t}Ab$ の解のうち、長さを最小にする最小2乗解を選べという方法である。

長さを最小の意味は、図 6.6 のように原点からの距離が最小ということである。原点 O が最小2乗解の中（図の平面の中）にあるときには、P は O そのものになる。これは、例外的な場合である。通常は、原点 O は図の平面の外にある。このときも、確かに原点 O との距離を最小にする P がただ1つ定まる。そして、そのことは、最小2乗解の全体の自由度が2より大きくても正しい。それは、最小2乗解の全体が凸集合という性質をもつことを利用して、証明することができる。

長さを最小にする最小2乗解を、少しだけ省略して、長さ最小の最小2乗解と呼ぼう。最小なのに長い名前だが、仕方がない。世界一長い駅名の駅、これも駅の長さは短い。

とにかく、どのような連立1次方程式に対しても、長さ最小の最小2乗解はただ1つに定まる。もちろん、もともと連立1次方程式が、方程式をみたす解をただ1つもつ場合

には，それが長さ最小の最小2乗解になる。つまり，長さ最小の最小2乗解は，普通の解を一般化した概念である。

■ムーア–ペンローズ逆行列

何か1つ連立1次方程式 $A\bm{x}=\bm{b}$ が与えられたとする。たとえば，(6.6) みたいなもの。ともかく，どんな連立1次方程式でも良い。その長さ最小の最小2乗解は，必ず存在して，しかもただ1つある。これを $\bm{x}_\diamond$ と書く。

観測データ $\bm{b}$ に長さ最小の最小2乗解 $\bm{x}_\diamond$ を対応させるルールは，行列を用いて書くことができる。その行列を，A のムーア–ペンローズ逆行列と言う。

何を言い出したのかわかりづらいと思うから，簡単な例を挙げる。不足決定系

$$\begin{cases} 2x-y+z=a \\ x+2y+3z=b \end{cases} \quad (6.22)$$

の $\bm{x}_\diamond$ を求めよう。a,b は何かしらの数値であるが，数値を与えて計算するのも，かえって煩雑になるので，a,b とあっさり書く。

$\bm{x}_\diamond$ の求め方は，前と同様である。まず，(6.22) を

$$\begin{pmatrix} 2 & -1 & 1 \\ 1 & 2 & 3 \end{pmatrix} \begin{pmatrix} x \\ y \\ z \end{pmatrix} = \begin{pmatrix} a \\ b \end{pmatrix} \quad (6.23)$$

と書く。例によって，転置行列を両辺に掛けて

$$\begin{pmatrix} 2 & 1 \\ -1 & 2 \\ 1 & 3 \end{pmatrix} \begin{pmatrix} 2 & -1 & 1 \\ 1 & 2 & 3 \end{pmatrix} \begin{pmatrix} x \\ y \\ z \end{pmatrix} = \begin{pmatrix} 2 & 1 \\ -1 & 2 \\ 1 & 3 \end{pmatrix} \begin{pmatrix} a \\ b \end{pmatrix}$$

が得られる。

ちょっと行列計算して

$$\begin{pmatrix} 5 & 0 & 5 \\ 0 & 5 & 5 \\ 5 & 5 & 10 \end{pmatrix} \begin{pmatrix} x \\ y \\ z \end{pmatrix} = \begin{pmatrix} 2a+b \\ -a+2b \\ a+3b \end{pmatrix}$$

となる。これが最小2乗解の方程式である。その正体は

$$\begin{cases} 5x+5z = 2a+b \\ 5y+5z = -a+2b \\ 5x+5y+10z = a+3b \end{cases}$$

である。この方程式は3本あるように見えるが，1本目と2本目を足すと3本目になるので，実質2本しかない。つまり，x, y, z が1本目と2本目をみたせば必然的に3本目をみたすから，x, y, z が上の3本をみたすことは

$$\begin{cases} 5x+5z = 2a+b \\ 5y+5z = -a+2b \end{cases} \tag{6.24}$$

をみたすことと同等である。もちろん，別の2本を組にして連立1次方程式を作ってもかまわない。

こうして最小2乗解の方程式は，(6.24) である。これは，$5x = 2a+b-5z$, $5y = -a+2b-5z$ と変形されるが，これで

第6章　逆問題としての連立1次方程式

すべての条件を使い切っているから，これ以上 x, y を決定するすべはない。つまり，以前の (6.14) と同じ状況で，最小2乗解は1つには決まらない。

(6.24) をみたす x, y, z のうちで長さ $\sqrt{x^2+y^2+z^2}$ を最小にする x, y, z, それが $\boldsymbol{x}_\diamond$ になる。この $\boldsymbol{x}_\diamond$ を求めるやり方は，いろいろ考えられる。前と同様に図 6.6 のように考える手もあるが，ここでは，計算だけですませよう。$\sqrt{x^2+y^2+z^2}$ を最小にすることは，$x^2+y^2+z^2$ を最小にすることと同じであるから，ここでは，$(5x)^2+(5y)^2+(5z)^2$ に，前の $5x=2a+b-5z$, $5y=-a+2b-5z$ を代入してみよう。このとき

$$25(x^2+y^2+z^2) = (2a+b-5z)^2 + (-a+2b-5z)^2 + (5z)^2$$

である。これを最小にするために，$t=5z$ とおいて展開し，t の2次式を作ると

$$\begin{aligned}25(x^2+y^2+z^2) &= (2a+b-t)^2 + (-a+2b-t)^2 + t^2 \\ &= 3t^2 - 2(a+3b)t + 5(a^2+b^2)\end{aligned}$$

となる。a, b が文字なので実感がわかないが，これは t の2次関数。この2次関数を最小にする問題に帰着された。

この2次関数は，$t=\dfrac{a+3b}{3}$ において最小になる（図 6.8）。このときの, z の値は，$z=\dfrac{t}{5}=\dfrac{1}{15}a+\dfrac{1}{5}b$。これで z が決定された。あとは，$5x=2a+b-5z=2a+b-\dfrac{a+3b}{3}=\dfrac{5}{3}a$，よって，$x=\dfrac{1}{3}a$。そして，$5y=-a+2b-5z=-a+2b-\dfrac{a+3b}{3}=-\dfrac{4}{3}a+b$，よって，$y=-\dfrac{4}{15}a+\dfrac{1}{5}b$ となる。結果は

$$3t^2 - 2(a+3b)t + 5(a^2+b^2)$$

$$\frac{a+3b}{3}$$

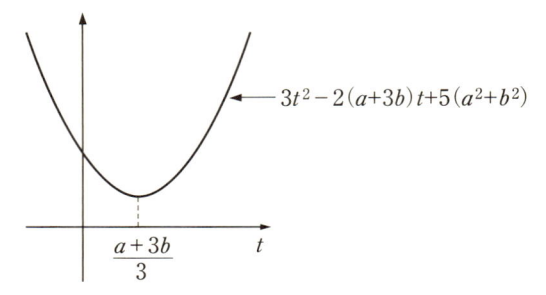

図 6.8 2 次関数

$$\begin{cases} x = \dfrac{1}{3}a \\ y = -\dfrac{4}{15}a + \dfrac{1}{5}b \\ z = \dfrac{1}{15}a + \dfrac{1}{5}b \end{cases}$$

となった．これを，行列を用いて表すと

$$\begin{pmatrix} x \\ y \\ z \end{pmatrix} = \begin{pmatrix} \dfrac{1}{3} & 0 \\ -\dfrac{4}{15} & \dfrac{1}{5} \\ \dfrac{1}{15} & \dfrac{1}{5} \end{pmatrix} \begin{pmatrix} a \\ b \end{pmatrix} \tag{6.25}$$

となる．

この計算での結論は，連立 1 次方程式 (6.23) の長さ最小の最小 2 乗解 $\boldsymbol{x}_\diamond$ は (6.25) で求められるということ．つまり，(6.25) における行列は，(6.23) における行列 A による $A\boldsymbol{x} = \boldsymbol{b}$ の長さ最小の最小 2 乗解 $\boldsymbol{x}_\diamond$ を $\boldsymbol{b}$ に対応させる行列になる．

これを ムーア–ペンローズ逆行列 と言い，$A^\dagger$ で表す．少し紛らわしいが，一般逆行列とか擬似逆と呼ばれることもある．

この記号 $A^\dagger$ を用いれば

$$A = \begin{pmatrix} 2 & -1 & 1 \\ 1 & 2 & 3 \end{pmatrix} \text{ のとき，} A^\dagger = \begin{pmatrix} \dfrac{1}{3} & 0 \\ -\dfrac{4}{15} & \dfrac{1}{5} \\ \dfrac{1}{15} & \dfrac{1}{5} \end{pmatrix} \quad (6.26)$$

このように，A に対しムーア–ペンローズ逆行列 $A^\dagger$ が求まってしまえば，$A\boldsymbol{x} = \boldsymbol{b}$ の $\boldsymbol{b}$ に実際に何かの数値がきても，その長さ最小の最小2乗解は，$\boldsymbol{x} = A^\dagger \boldsymbol{b}$ で直ちに計算できる．つまり，$\boldsymbol{x}_\diamond = A^\dagger \boldsymbol{b}$ である．たとえば，連立1次方程式

$$\begin{cases} 2x - y + z = 1 \\ x + 2y + 3z = 2 \end{cases}$$

の長さ最小の最小2乗解は

$$\begin{pmatrix} x \\ y \\ z \end{pmatrix} = \begin{pmatrix} \dfrac{1}{3} & 0 \\ -\dfrac{4}{15} & \dfrac{1}{5} \\ \dfrac{1}{15} & \dfrac{1}{5} \end{pmatrix} \begin{pmatrix} 1 \\ 2 \end{pmatrix} = \begin{pmatrix} \dfrac{1}{3} \\ \dfrac{2}{15} \\ \dfrac{7}{15} \end{pmatrix}$$

と，すぐに求められる．

方程式 (6.7) の行列に対するムーア–ペンローズ逆行列を求める計算は，(6.26) のように簡単ではないが，丹念に行えばできる．それは，(6.7) の右辺を a, b, c, d, e と文字にしてお い

て，(6.20) をやはり文字化した形で求め，図 6.6 での考察と同様の議論をすれば良い。(6.21) の $\vec{c}$, $\vec{d}$ は前と同じだが，$\overrightarrow{\mathrm{OR}}$ には a, b, c, d, e が入ってきて，初等的な計算だが面倒になる。結果だけ記せば

$$A = \begin{pmatrix} 1 & 1 & 1 & 0 & 0 & 0 \\ 0 & 0 & 0 & 1 & 1 & 1 \\ 1 & 0 & 0 & 1 & 0 & 0 \\ 0 & 1 & 0 & 0 & 1 & 0 \\ 0 & 0 & 1 & 0 & 0 & 1 \end{pmatrix} \text{ のとき,}$$

$$A^{\dagger} = \frac{1}{30} \begin{pmatrix} 8 & -2 & 12 & -3 & -3 \\ 8 & -2 & -3 & 12 & -3 \\ 8 & -2 & -3 & -3 & 12 \\ -2 & 8 & 12 & -3 & -3 \\ -2 & 8 & -3 & 12 & -3 \\ -2 & 8 & -3 & -3 & 12 \end{pmatrix}$$

である。$\frac{1}{30}$ を前に出したのは，$\frac{1}{30}$ を中に入れて全部に掛けると相当見づらくなるため。それでも，幅を取ることに変わりはない。いずれにしても，どんな行列 A に対しても，$A^{\dagger}$ をただ 1 つ定めることができる。

ムーアとペンローズ。このうちペンローズは，英国の数理物理学者ロジャー・ペンローズ（1931—）である。幾何学者にして理論物理学者と言うべきか。ブラックホールの特異点の存在証明で有名だが，一方でペンローズタイルやペンローズ三角形でも，知られている。

ペンローズは，彼の最初の論文「行列の一般逆」（1955年）で $A^\dagger$ を明確に定義し，その性質を明らかにした。また，$A^\dagger \bm{b}$ が長さ最小の最小2乗解を与えることを，翌年発表した「線形行列方程式の最良近似解について」（1956年）で示した。これらの研究が，後年のペンローズの仕事とどこでどのように結びつくかは，不思議だ。すべては遊び心，そうとでも解釈する他ない。

一方のムーアは，エリアキン・ムーア（1862–1932）。こちらはアメリカ数学の礎を築いた大御所である。アメリカ数学会は2002年に，その功績を讃えて，ムーア賞を設立している。ムーアの仕事は，幾何学，関数論，積分方程式など多岐に亘る。バーコフの標準形やバーコフの定理で有名なジョージ・バーコフ（1884–1944）の先生でもある。

ムーアとペンローズはかなり年代が違う。なぜ一般逆行列がこの2人の名前を冠して呼ばれるのか，その理由は，少し複雑だ。ムーアの一般逆行列の話は，1920年のアメリカ数学会の第14回西部地区会議記録の中に登場する。これはムーアの講演の紹介記事で，走り書きの上に記号が昔風。ムーアがどこまで一般逆行列を作り上げていたかは不明だ。しかし，ムーアの死後，1935年に刊行された著作（ムーアの仕事をまとめた本）では，一般逆行列が詳しく論じられており，ペンローズの定義とは異なるものの，同等のものであることが確認できる。ペンローズは，ムーアの仕事を知らずに独立に一般逆行列論を展開した。それゆえ再発見と見做され，$A^\dagger$ は，ムーア–ペンローズの逆行列と呼ばれる。

ムーアの用いた記号は相当にわかりづらい。その事情があるにしても，1920年から35年もの間，一般逆行列がその重

要性をまったく認識されなかったのも，不思議な話ではある。こちらは，機が熟していなかったと解釈するのが適当だろう。奇しくも，この空白の 35 年の間に現代逆問題の萌芽が認められる。

■特異値分解

行列を上手に分解すると，A とそのムーア–ペンローズ逆行列 $A^\dagger$ の関係が明確に見える。その分解を，特異値分解と言う。

はじめに，特異値分解の例をあげる。

$$\begin{pmatrix} 2 & -1 \\ -1 & 2 \\ -1 & -1 \end{pmatrix} = 3 \cdot \frac{1}{\sqrt{2}} \begin{pmatrix} 1 \\ -1 \\ 0 \end{pmatrix} \frac{1}{\sqrt{2}} \begin{pmatrix} 1 & -1 \end{pmatrix}$$

$$+ \sqrt{3} \cdot \frac{1}{\sqrt{6}} \begin{pmatrix} 1 \\ 1 \\ -2 \end{pmatrix} \frac{1}{\sqrt{2}} \begin{pmatrix} 1 & 1 \end{pmatrix} \quad (6.27)$$

この式が成り立つことは，右辺の計算をすればわかる。係数は除外しておいて，縦ベクトルの 1 と横ベクトルの 1 を掛けて 1。縦ベクトルの 1 と横ベクトルの -1 を掛けて -1。これらを並べて行列を作ると

$$\begin{pmatrix} 1 \\ -1 \\ 0 \end{pmatrix} \begin{pmatrix} 1 & -1 \end{pmatrix} = \begin{pmatrix} 1 & -1 \\ -1 & 1 \\ 0 & 0 \end{pmatrix}$$

同じ計算を，(6.27) の右辺の第 2 項に行い係数を掛けて足し

合わせると，(6.27) が成り立つことが確認できる。

(6.27) は

$$\boldsymbol{u}_1 = \frac{1}{\sqrt{2}}\begin{pmatrix} 1 \\ -1 \\ 0 \end{pmatrix},\ \boldsymbol{u}_2 = \frac{1}{\sqrt{6}}\begin{pmatrix} 1 \\ 1 \\ -2 \end{pmatrix},$$

$$\boldsymbol{v}_1 = \frac{1}{\sqrt{2}}\begin{pmatrix} 1 \\ -1 \end{pmatrix},\ \boldsymbol{v}_2 = \frac{1}{\sqrt{2}}\begin{pmatrix} 1 \\ 1 \end{pmatrix}$$

とおくと，$\boldsymbol{u}_1, \boldsymbol{u}_2$ と $\boldsymbol{v}_1, \boldsymbol{v}_2$ の転置 ${}^t\boldsymbol{v}_1, {}^t\boldsymbol{v}_2$ により

$$\begin{pmatrix} 2 & -1 \\ -1 & 2 \\ -1 & -1 \end{pmatrix} = 3\,\boldsymbol{u}_1{}^t\boldsymbol{v}_1 + \sqrt{3}\,\boldsymbol{u}_2{}^t\boldsymbol{v}_2$$

と表される。$\boldsymbol{v}_1 \cdot \boldsymbol{v}_2 = 0$ だから，$\boldsymbol{v}_1, \boldsymbol{v}_2$ は直交する。そして，長さを計算すると，$|\boldsymbol{v}_1| = |\boldsymbol{v}_2| = 1$ である。同様に $\boldsymbol{u}_1$ と $\boldsymbol{u}_2 = 0$ も直交し，両方とも長さは 1 である（図 6.9）。ただし，$\boldsymbol{v}_k$ の方は 2 つの数を並べたベクトル（2 項ベクトルと言う）で，

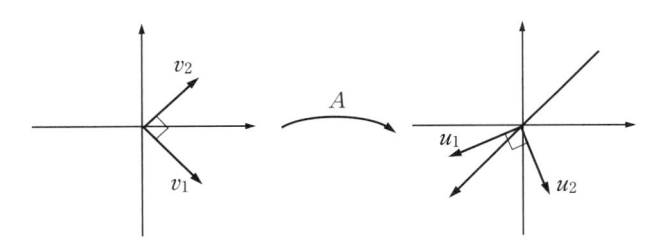

図 6.9 行列の作用

$\boldsymbol{u}_k$ の方は3つの数を並べたベクトル (3項ベクトル) である。

自然数を素因数分解しておけば，この数の積に関する作用がわかる。これと同じで，行列も特異値分解しておけば，その行列がベクトルにどのように作用するかがわかる。(6.27) の行列 A が，$\boldsymbol{v}_1$ に作用すると $3\boldsymbol{u}_1$ になる。つまり $A\boldsymbol{v}_1 = 3\boldsymbol{u}_1$。同様に，$A$ が，$\boldsymbol{v}_2$ に作用すると，$A\boldsymbol{v}_2 = \sqrt{3}\,\boldsymbol{u}_2$ だ。図 6.9 の左の平面上の点は，すべて $\boldsymbol{v}_1$ と $\boldsymbol{v}_2$ の重ね合わせで書けるので，その点が A の作用によって，右の空間のどのあたりに移るかがイメージできる。特に，左の平面上の点はすべて，$\boldsymbol{u}_1$ と $\boldsymbol{u}_2$ の張る平面上に移る。まあ，こんな幾何的な話は，左様かという程度の理解で十分。

このような分解が，すべての行列に対し可能である。すなわち，任意の m 行 n 列の行列

$$A = \begin{pmatrix} a_{11} & a_{12} & \cdots & a_{1n} \\ a_{21} & a_{22} & \cdots & a_{2n} \\ \vdots & \vdots & \ddots & \vdots \\ a_{m1} & a_{m2} & \cdots & a_{mn} \end{pmatrix}$$

は，正の数 $\mu_1, \cdots, \mu_r$ と，互いに直交する長さ 1 の n 項ベクトル $\boldsymbol{v}_1, \cdots, \boldsymbol{v}_r$ および，やはり互いに直交する長さ 1 の m 項ベクトル $\boldsymbol{u}_1, \cdots, \boldsymbol{u}_r$ を用いて

$$\boxed{A = \mu_1 \boldsymbol{u}_1{}^t\boldsymbol{v}_1 + \cdots + \mu_r \boldsymbol{u}_r{}^t\boldsymbol{v}_r} \tag{6.28}$$

と表される。これを，行列 A の<u>特異値分解</u>と言う。ただし，r は，n 以下かつ m 以下の自然数である。(6.27) では $r=2$

だ。(6.28) で, $v_1, \cdots, v_r$ のどの2つのベクトルも直交する。互いに直交するというのは, この意味だ。$u_1, \cdots, u_r$ に関しても同様。(6.28) における $\mu_1, \cdots, \mu_r$ を特異値と言う。例 (6.27) では, $\mu_1 = 3$, $\mu_2 = \sqrt{3}$ の2つが特異値だ。

特異値の正体を見るために, (6.28) の両辺に右から v_1 を掛ける。右辺に v_1 が右から掛かる際の ${}^t v_k v_1$ は v_k と v_1 の内積だ。これは直交するから, 値は0。ただし, $k=1$ のときだけは, ${}^t v_1 v_1 = |v_1|^2 = 1$ で0でない。したがって, $Av_1 = \mu_1 u_1$ となる。他についても同様で

$$Av_k = \mu_k u_k \tag{6.29}$$

が, どの k に対しても成り立つ。

転置行列 ${}^t A$ の特異値分解は, A の特異値分解 (6.28) の v_k と u_k の立場をそっくり入れ替えた形になる。つまり

$$ {}^t A = \mu_1 v_1 {}^t u_1 + \cdots + \mu_r v_r {}^t u_r $$

である。これは (6.27) の縦を横に入れ替えてみれば, 納得できる。そこで, (6.29) を得たのと同様にして

$$ {}^t A u_k = \mu_k v_k $$

これより, ${}^t A \mu_k u_k = \mu_k^2 v_k$ となるが, (6.29) より $\mu_k u_k = Av_k$ であるから, これを代入して

$$ {}^t A A v_k = \mu_k^2 v_k \tag{6.30}$$

が得られる。これは, μ_k^2 は ${}^t A A$ の固有値であると表現され

る。逆に言えば，${}^tAA$ の固有値を全部取り尽くして，そのうち 0 でないものの平方根を並べたのが $\mu_1,\cdots,\mu_r$ である。

通常，特異値は大きい順に

$$\mu_1 \geqq \mu_2 \geqq \cdots \geqq \mu_r \tag{6.31}$$

と並べる。もし，同じ μ_k に対し (6.30) をみたす $\boldsymbol{v}_k$ で互いに直交するものが複数個取れるようなら，μ_k をその数に合わせて複数回カウントする。$8, 3, 3, \sqrt{5}, 2$ というような具合で，これは $\mu_2 = \mu_3 = 3$ のときに，(6.30) をみたし互いに直交するベクトルが 2 本取れることを意味する。こうして得られた数が r である。

特異値分解 (6.28) は，A に対しただ 1 通りとは限らぬ。たとえば，(6.27) におけるベクトルの中身のプラス・マイナスをそっくりすべて入れ替えても特異値分解になっている。しかし，r および特異値は，行列 A に対し 1 通りに決まる。

少し話が細かくなった。大筋に戻ろう。とにかく，すべての行列は，特異値 $\mu_1,\cdots,\mu_r$ および，互いに直交する長さ 1 のベクトルの組 $\boldsymbol{v}_1,\cdots,\boldsymbol{v}_r$ と $\boldsymbol{u}_1,\cdots,\boldsymbol{u}_r$ を用いて (6.28) の形に分解される。

特異値分解は，行列の作用を浮き彫りにする。それゆえ，主成分解析，相関解析，行列近似などに，広く応用される。別に逆問題を持ち出さなくても，その重要性は十分に語ることができる。しかし，ムーア–ペンローズ逆行列の理解にとっても，上記の応用に負けず劣らず，重要である。それは，次の公式を見れば一目瞭然である。

第6章 逆問題としての連立1次方程式

> **【特異値分解とムーア–ペンローズ逆行列】**
> A の特異値分解を (6.28) とするとき,ムーア–ペンローズ逆行列 $A^\dagger$ は
> $$A^\dagger = \frac{1}{\mu_1}\,\boldsymbol{v}_1{}^t\boldsymbol{u}_1 + \cdots + \frac{1}{\mu_r}\,\boldsymbol{v}_r{}^t\boldsymbol{u}_r \tag{6.32}$$

$A^\dagger$ は A の特異値分解 (6.28) から,どう形を変えたか,極めて明快だ。$\boldsymbol{u}_k$ と $\boldsymbol{v}_k$ をすべて入れ替え,掛けられていた特異値をすべて分母に置く。これだけである。

上の公式は,ムーア–ペンローズ逆行列の(1つの)計算法を与える。たとえば,(6.27) の行列のムーア–ペンローズ逆行列は

$$\begin{pmatrix} 2 & -1 \\ -1 & 2 \\ -1 & -1 \end{pmatrix}^\dagger = \frac{1}{3}\cdot\frac{1}{\sqrt{2}}\begin{pmatrix} 1 \\ -1 \end{pmatrix}\frac{1}{\sqrt{2}}\begin{pmatrix} 1 & -1 & 0 \end{pmatrix}$$
$$+ \frac{1}{\sqrt{3}}\cdot\frac{1}{\sqrt{2}}\begin{pmatrix} 1 \\ 1 \end{pmatrix}\frac{1}{\sqrt{6}}\begin{pmatrix} 1 & 1 & -2 \end{pmatrix}$$
$$= \frac{1}{6}\begin{pmatrix} 1 & -1 & 0 \\ -1 & 1 & 0 \end{pmatrix} + \frac{1}{6}\begin{pmatrix} 1 & 1 & -2 \\ 1 & 1 & -2 \end{pmatrix} = \begin{pmatrix} \frac{1}{3} & 0 & -\frac{1}{3} \\ 0 & \frac{1}{3} & -\frac{1}{3} \end{pmatrix}$$

と計算される。

行列 A が与えられたときに実際に A の特異値分解を求め,上の公式で $A^\dagger$ を手計算するのは,それなりに面倒である。しかし計算法を知っておくことは有意義だから,その手順を

まとめておこう。

(1) ${}^t\!AA$ を計算し，(6.30) をみたす $\mu_k{}^2$ と $\bm{v}_k$ を求める。これは，${}^t\!AA$ の固有値と固有ベクトルを求める計算だ。この固有値の平方根が μ_k である。$\bm{v}_k$ を求める際に，$|\bm{v}_k|=1$ となるように計算することを忘れぬように。

(2) (1) で求めた $\bm{v}_k$ から (6.29) に基づき，$\bm{u}_k = \mu_k{}^{-1} A \bm{v}_k$ で $\bm{u}_k$ を計算する。こうして，A の特異値分解が得られる。

(3) 最後に，(6.32) によって，$A^\dagger$ を求める。

実際に計算したいとあらば，別の方法で計算した (6.26) を，上の方法で計算すべし。$\mu_k{}^2 = \lambda$ として，${}^t\!AA\bm{v} = \lambda\bm{v}$ で $|\bm{v}|=1$ となる λ と $\bm{v}$ を探す。すると，λ は 15 と 5 になる。$\lambda = 0$ も出るがこれは不要。正のものだけで良い。よって，特異値は，$\mu_1 = \sqrt{15}$，$\mu_2 = \sqrt{5}$ である。あとは，自力で。

(6.32) は単なる計算公式ではない。これから理論的な帰結も得られる。たとえば，A が m 行 n 列ならば，$A^\dagger$ は n 行 m 列だ。これは明らか。もう 1 つ。(6.32) は $A^\dagger$ の特異値分解になっていることに注意しよう。そこで，$A^\dagger$ のムーア–ペンローズ逆行列は，(6.32) のベクトルの立場を逆にして，特異値の逆数をとれば得られる。するとどうなるか。そう，(6.28) に戻る。つまり，$(A^\dagger)^\dagger = A$ である。逆数の逆数はもとに戻る。これと同じで，行列のムーア–ペンローズ逆行列のムーア–ペンローズ逆行列はもとに戻る。

さらに，逆問題の解の誤差に対する鋭敏性の問題やその克服法も，(6.32) を通して見ると明瞭に理解できる。その話は，次章にて。

第7章 逆問題のジレンマ

エッシャーのだまし絵(1960)
Heritage/PPS通信社

■正則化法

　何かしらパラメーターを含んだ数学の問題が与えられたとする。その問題の解が各パラメーターに対しただ1つ存在し，その解がパラメーターの変動に対し安定に動くとき，その問題は適切であると言う。たとえば，$x^3+x+a=0$ の実数解を求める問題は適切問題である。実際，実数 a が与えられるたびに $x^3+x+a=0$ の実数解 x はただ1つ定まり，x は a に対し連続的に（安定に）動く。

　第1章で述べたように，多くの逆問題はしばしば適切問題にならない。たとえば，放射性物質逆問題（第1章）では，パラメーターすなわち観測データによっては解が存在しない。また，その点に目をつむって現実には解はあるとしても，解はパラメーターの変動に対し安定にならない。この非適切性が原因となって，解は観測誤差に対し鋭敏になる。また，重力探査逆問題などの第1種フレドホルム積分方程式と呼ばれる形の積分方程式に帰着される逆問題は，おしなべて非適切問題である。

　本章では，このような非適切問題に対する1つの処方箋を紹介する。それは非適切問題を適切問題で近似しつつ解いていく方法である。これを，正則化法と呼ぶ。

　まず，その方法を解の誤差に対する鋭敏性の回避のために使ってみよう。これが，本章の第1ステージ。次に，鋭敏性の問題の正体を特異値分解（前章参照）で見定めよう。これが第2ステージ。最後に，非適切問題を克服するための正則化法の役割を考えよう。この第3ステージでは，方程式を解くことの意味を問うことになる。それは，数学自身の役割への問いかけでもある。

第7章 逆問題のジレンマ

■ **クイズ**

3択のクイズを1題。計算をせずに，直感で答えるべし。

【クイズ】 連立1次方程式

$$\begin{cases} 7.1\,x + 5.9\,y = 3.6 \\ 7.7\,x + 6.5\,y = 3.8 \end{cases} \tag{7.1}$$

の解は

$$\begin{pmatrix} x \\ y \end{pmatrix} = \begin{pmatrix} 1.36\cdots \\ -1.02\cdots \end{pmatrix} \tag{7.2}$$

である。では

$$\begin{cases} 7.1\,x + 5.9\,y = 3.5 \\ 7.7\,x + 6.5\,y = 3.9 \end{cases} \tag{7.3}$$

の解は，次のどれか？

(鶴) $\begin{pmatrix} -0.36\cdots \\ 1.02\cdots \end{pmatrix}$ (亀) $\begin{pmatrix} 1.27\cdots \\ -0.94\cdots \end{pmatrix}$ (鴨) $\begin{pmatrix} 0.28\cdots \\ 0.24\cdots \end{pmatrix}$

さあ，どうだろう。(7.1) は，ごく普通の連立1次方程式。鶴亀算に毛がはえたようなものだ。つるっとした鶴に毛がはえたらづる。よって，づる亀算と呼ぶ。づる亀算 (7.1) は，ごく普通に解ける。結果は，(7.2) の通り。答えにずるはない。

クイズは，づる亀算の右辺の数値を，ほんの少しずらしたずるっづる亀算 (7.3) の解を，勘で答えよと問うている。ずいぶん，長い能書きだなー。実は，答えをすぐに書くと叱られそうなので，づるづると漫談をしている。さて，答えは？

クイズの正解は (鶴) である．意外であろう．ずるっづる亀算は右辺のデータがずるっと少しずれただけだから，答えも (亀) のように，のろのろと少しだけ動く．こう考えて (亀) と答えた方．大変素直で良い．しかし，残念ながら正解ではない．もう 1 つの (鴨)．これは，クイズの正解ではないが，人を鴨にするためのただの鴨ではない．ネギを背負っていて，味わい深い鴨なのだ．

とにかく計算をすれば，ずるっづる亀算の答えは (鶴) になる．(7.3) の第 1 式の両辺に 7.7 を掛けた式から，第 2 式の両辺に 7.1 を掛けた式を引く．すると，x は消去されて

$$(7.7 \times 5.9 - 7.1 \times 6.5)y = 7.7 \times 3.5 - 7.1 \times 3.9$$

となる．これを計算して，$-0.72y = -0.74$ となるので，$y = 1.027\cdots$ が得られる．同様にして，$x = 0.361\cdots$ となる．(7.2) の答えと数字の字面が似ているのは，たまたまである．

しかし，ずるっづる亀算の答えは，づる亀算の答えから大きくずれる．これでは，づる亀算が実際の問題で，測定値に誤差はつきものという状況にあれば，(7.1) の答えとして (7.2) を採用することは，躊躇われる．これは，放射性物質逆問題を解く際にも遭遇 (第 1 章) した，誤差に対する鋭敏性である．

方程式 (7.1) や (7.3) の解はただ 1 つに定まる．しかし，数学上は正しく求めたこの解が不安定で，現実的でない．それが問題だ．どうすれば良いだろう．

1 つの解決法 (正則化法) を与えよう．一般的に考えるために，例によって，連立 1 次方程式を $Ax = b$ の形に書く．話が戻るが，最小 2 乗解は，$|Ax - b|^2$ を最小にする解であっ

た。この形に，$\alpha|\boldsymbol{x}|^2$ を付け加えた $J=|A\boldsymbol{x}-\boldsymbol{b}|^2+\alpha|\boldsymbol{x}|^2$ を最小にすることを考える。ただしここで，α は正の数とする。この数 α を，<u>正則化パラメーター</u> と言う。

J 自身は，チホノフ汎関数と呼ばれる。ロシアの数学者アンドレイ・チホノフ（1906–1993）が 1963 年および 1965 年に発表した正則化の理論に因んで，そう呼ばれる。また，$\alpha|\boldsymbol{x}|^2$ の項，つまり $\alpha(x^2+y^2)$ を正則化項と言う。

この考えは，づる亀算 (7.1) でいえば

$$J=(7.1\,x+5.9\,y-3.6)^2+(7.7\,x+6.5\,y-3.8)^2+\alpha(x^2+y^2)$$

を最小にすることである。づる亀算は数学的に真の解を 1 つもっている。これは，もちろん $|A\boldsymbol{x}-\boldsymbol{b}|^2$ を最小（すなわち 0）にする。にもかかわらず，敢えてこれを放棄する。わざと $A\boldsymbol{x}=\boldsymbol{b}$ でなくても良い，$|A\boldsymbol{x}-\boldsymbol{b}|^2$ と同時に $|\boldsymbol{x}|^2$ も抑えようというのが発想だ。

$\alpha(x^2+y^2)$ の項を付すことによって，観測誤差による解のぶれが大きくなることにペナルティを課す。人間の側からすると，誤差のせいで解が勝手に暴れるのは困るから，それを抑制するために，$\alpha(x^2+y^2)$ を付加する。要するに，そういうことである。この意味から，$\alpha(x^2+y^2)$ をペナルティ項と言うこともある。ペナルティを課されるのは，解である。別に，解だって大きくなりたくて暴れているわけではない。そう考えると，なんだか理不尽な名前である。

呼称の話はこれくらいにして，づる亀算で調べてみよう。α をいくらに取るかは，後で考えることにして，パラメーター α を付けたまま J を計算すると

$$J = (109.7+\alpha)\,x^2 + 183.88\,xy + (77.06+\alpha)\,y^2$$
$$- 109.64\,x - 91.88\,y + 27.4$$

となる。もともとは、$J = |A\boldsymbol{x}-\boldsymbol{b}|^2 + \alpha|\boldsymbol{x}|^2$ だから、$J \geqq \alpha|\boldsymbol{x}|^2$ である。ここで $\alpha > 0$ だから、x や y が原点から遠くなれば、J は大きくなる（図 7.1）。この J を最小にする (x,y) を求めたい。

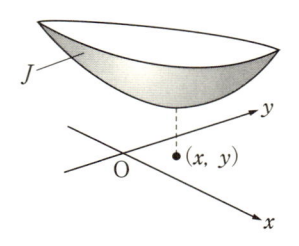

図 7.1 J のグラフ

　関数を最小にする (x,y) では、その関数を x で微分しても y で微分しても 0 となる。このことを利用して、J が最小になる点 (x,y) の値を求める。

　まず、J を x で微分する。その際は、y は定数と思う。実行して、$2(109.7+\alpha)\,x + 183.88\,y - 109.64$ が得られる。これを 0 として

$$2(109.7+\alpha)x + 183.88\,y = 109.64$$

となる。同様に、J を y で微分して、イコール 0 として

第7章 逆問題のジレンマ

$$183.88\,x + 2\,(77.06 + \alpha)\,y = 91.88$$

となる．こうして得られた2式を，両方とも2で割って連立の形にすれば

$$\begin{cases} (109.7 + \alpha)\,x + 91.94\,y = 54.82 \\ 91.94\,x + (77.06 + \alpha)\,y = 45.94 \end{cases} \tag{7.4}$$

という連立1次方程式が得られる．この連立1次方程式はαが正のパラメーターならば，必ず1つ解をもつ．仮に$\alpha = 4.8$としてこれを解くと

$$\boldsymbol{x}_\alpha = \begin{pmatrix} x \\ y \end{pmatrix} = \begin{pmatrix} 0.2867\cdots \\ 0.2391\cdots \end{pmatrix} \tag{7.5}$$

となる．

このように，$\underline{J = |A\boldsymbol{x} - \boldsymbol{b}|^2 + \alpha|\boldsymbol{x}|^2\ \text{を最小にする}\ \boldsymbol{x} = \boldsymbol{x}_\alpha}$ $\underline{\text{を}\ A\boldsymbol{x} = \boldsymbol{b}\ \text{のチホノフ正則化解と言う}}$．この用語で言えば，づる亀算 (7.1) のチホノフ正則化解 $\boldsymbol{x}_\alpha$ は (7.5) で与えられる．ただし，ここでは $\alpha = 4.8$ である．

同じ考え方で，ずるっづる亀算 (7.3) の $\alpha = 4.8$ のときのチホノフ正則化解 $\tilde{\boldsymbol{x}}_\alpha$ を求めてみる．データ $\boldsymbol{b}$ がずるっと $\tilde{\boldsymbol{b}}$ に動いたときに，$\boldsymbol{x}_\alpha$ がどのような $\tilde{\boldsymbol{x}}_\alpha$ に動くか，それを見たいのだ．

考え方はまったく同様で，計算も似たようなものだ．(7.4) の左辺はまったく変わらない．右辺の数値の 54.82 と 45.94 がそれぞれ 54.88 と 46 に変わる．そのように変更した連立1次方程式を解くと

$$\tilde{\boldsymbol{x}}_\alpha = \begin{pmatrix} x \\ y \end{pmatrix} = \begin{pmatrix} 0.2861\cdots \\ 0.2405\cdots \end{pmatrix} \tag{7.6}$$

これが,ずるっづる亀算の $\alpha=4.8$ のときのチホノフ正則化解 $\tilde{\boldsymbol{x}}_\alpha$ である。これは,$\boldsymbol{x}_\alpha$ から,ほとんど動かない。どっかで見たかも。そう,クイズの (鴨) だ。

づる亀算 (7.1) の解の鋭敏性は,チホノフ正則化解では見事なまでに消し去られた。だが,問題をすり替えていることは確かである。問題を変えない。そこに固執すれば (7.1) の解として,(7.5) を採用するのには抵抗があろう。しかし,実際の問題においては,(7.1) の右辺には誤差がある以上,方程式に固執することもまた,正当な意味をもたないと見るべきである。

大切なことは,現実の問題で現実的な判断を求められていることだ。誤差のない理想的な観測ができるのであれば,づる亀算の右辺をとことん精密に計り,厳密に求めた解を信頼すれば良い。そうでないときにどうするか,その1つの解決法がチホノフ正則化解である。

さて,チホノフ正則化解を採るとしても,正則化パラメーター α をどのように選ぶかという問いが残っている。チホノフ正則化解 $\boldsymbol{x}_\alpha$ は,$J=|A\boldsymbol{x}-\boldsymbol{b}|^2+\alpha|\boldsymbol{x}|^2$ を最小にする $\boldsymbol{x}_\alpha$ だから,もちろん α の取り方で変わる。上の問いは,この α をどのように取ったときの $\boldsymbol{x}_\alpha$ が最適かを問う。

観測データ $\boldsymbol{b}$ に対する信頼度が高ければ,J の $|A\boldsymbol{x}-\boldsymbol{b}|^2$ の比重を高めるために,α を小さく取るべきだろう。逆に信頼度が低ければ,正則化項 $\alpha|\boldsymbol{x}|^2$ を重く見て,α を大きくすべきだ。この判断は,自然である。

第7章 逆問題のジレンマ

この判断を定量的にすべく,次のように考える。づる亀算 (7.1) の右辺には誤差が含まれている。だが,づる亀算が現実の問題ならば,現実の解が存在する。現実には,答えはある。これが逆問題のスタンスであることを思い出そう。この現実の解 $\boldsymbol{x}_\alpha$ を (7.1) の左辺に代入したときの値が,真の観測値となる。この値と実際の観測データ $\boldsymbol{b}$ の差すなわち $|A\boldsymbol{x}_\alpha - \boldsymbol{b}|$ が,誤差である。

一方,クイズでづる亀算 (7.1) をずるっづる亀算に変えてみたのは,この問題では,(3.6, 3.8) は (3.5, 3.9) くらいにまで誤差が見込まれたためだ。すなわち

$$\delta = \sqrt{(3.6-3.5)^2 + (3.8-3.9)^2} = \frac{\sqrt{2}}{10} = 0.14142\cdots$$

くらいは誤差があると見做したのである。この δ を,誤差の見積もりと呼ぶ。

この両者を等しい,すなわち $|A\boldsymbol{x}_\alpha - \boldsymbol{b}| = \delta$ として,α を選ぶ。これが 1 つの原理となり得る。この原理を <u>モロゾフの食い違い原理</u> と言う。ウラジミール・モロゾフの 1967 年の論文に負う。$|A\boldsymbol{x}_\alpha - \boldsymbol{b}|$ が,真の観測データと観測データ $\boldsymbol{b}$ との食い違いを与えるために,このような風変わりな名称を持つ。

この原理をずるっづる亀算の方に適用してみよう。ずるっづる亀算のチホノフ正則化解 $\tilde{\boldsymbol{x}}_\alpha$ は,(7.4) と同様に

$$\begin{cases} (109.7+\alpha)x + 91.94y = 54.88 \\ 91.94x + (77.06+\alpha)y = 46 \end{cases} \quad (7.7)$$

を解いて得られる。この方程式の解 x, y を縦に並べたものが $\tilde{\boldsymbol{x}}_\alpha$ になる。少し面倒な計算であるが,結果は

$$\tilde{\boldsymbol{x}}_\alpha = \frac{1}{625\,\alpha^2 + 116725\,\alpha + 324} \begin{pmatrix} 34300\,\alpha - 117 \\ 28750\,\alpha + 333 \end{pmatrix}.$$

はじめから (7.7) の両辺を 100 倍してすべて整数で計算したので,小数は出てこない。

この $\tilde{\boldsymbol{x}}_\alpha$ に $A = \begin{pmatrix} 7.1 & 5.9 \\ 7.7 & 6.5 \end{pmatrix}$ を掛けて $\tilde{\boldsymbol{b}} = \begin{pmatrix} 3.5 \\ 3.9 \end{pmatrix}$ との食い違い(距離)を計算すると

$$|A\tilde{\boldsymbol{x}}_\alpha - \tilde{\boldsymbol{b}}| = \frac{5\alpha}{\sqrt{2}} \frac{\sqrt{858125\,\alpha^2 + 38450\,\alpha + 3145609}}{625\,\alpha^2 + 116725\,\alpha + 324}$$

となる。これが,誤差の見積もり $\delta = \dfrac{\sqrt{2}}{10}$ に等しくなるように α を定める。これが,モロゾフの食い違い原理による正則化パラメーター α の決定法である。

上の食い違い $|A\tilde{\boldsymbol{x}}_\alpha - \tilde{\boldsymbol{b}}|$ は,α の関数。そのグラフは図 7.2 のようになる。食い違いは α の増加関数である。したがって,$\delta = \dfrac{\sqrt{2}}{10}$ となる α はこのグラフと $\dfrac{\sqrt{2}}{10}$ との交点の α 座標として決定できる。数値計算すると,$\alpha = 4.78\cdots$,これが,モロゾフの食い違い原理で決定された正則化パラメーターの値である。

こうして決定された $\alpha = 4.78\cdots$ のときのチホノフ正則化解 $\tilde{\boldsymbol{x}}_\alpha$ は

$$\tilde{\boldsymbol{x}}_\alpha = \begin{pmatrix} 0.2861\cdots \\ 0.2406\cdots \end{pmatrix}$$

となる。このようにして,1 つの根拠をもったずるっづる亀

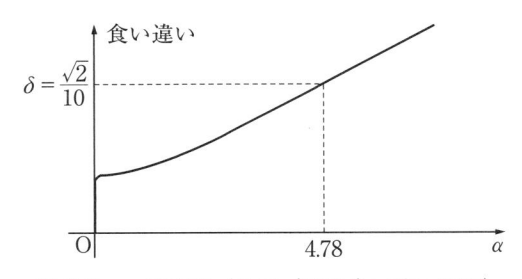

図 7.2 α の決定（モロゾフの食い違い原理）

算の科学的な答えが得られた。クイズの正解は (鶴) だが，ずるっづる亀算が実際の問題とすれば，(7.3) の 1 つの科学的な正解は (鴨) である。

なお，図 7.2 では見づらいが，食い違いのグラフは $\alpha=0$ から急速に立ち上がっている。これは，づる亀算やずるっづる亀算が誤差に対し鋭敏な問題であることの証左である。

逆に，α が大きいときこのグラフは，$|\tilde{\boldsymbol{b}}|$ に近づく（そのことは，前ページの $\tilde{\boldsymbol{x}}_\alpha$ の式より α が大きくなると $\tilde{\boldsymbol{x}}_\alpha$ が $\boldsymbol{o}$ になることからわかる）。$|\tilde{\boldsymbol{x}}_\alpha| \to \boldsymbol{o}$ のとき $|A\tilde{\boldsymbol{x}}_\alpha - \tilde{\boldsymbol{b}}| \to |\tilde{\boldsymbol{b}}|$ だから，このことは，誤差の見積もり $\delta = |A\tilde{\boldsymbol{x}}_\alpha - \tilde{\boldsymbol{b}}|$ が $|\tilde{\boldsymbol{b}}|$ を超えているときは，モロゾフの食い違い原理は使えないことを意味する。もっとも，$\delta > |\tilde{\boldsymbol{b}}|$ などという観測は粗すぎて，そもそも観測とは言えぬから食い違い原理の不備ではない。むしろ，そうした限界がきちんと反映されるところに，この原理の数学的根拠があると見るべきである。

■チホノフ正則化解

チホノフ正則化解を，一般的に考えてみよう。連立 1 次方程式 $A\boldsymbol{x}=\boldsymbol{b}$ すなわち (6.8) が 1 つ与えられたとき

$$J = |A\boldsymbol{x}-\boldsymbol{b}|^2 + \alpha |\boldsymbol{x}|^2 \tag{7.8}$$

を最小にする $\boldsymbol{x}$ をその $A\boldsymbol{x}=\boldsymbol{b}$ のチホノフ正則化解と呼び，$\boldsymbol{x}_\alpha$ と書く。

$\boldsymbol{x}_\alpha$ を変分法と呼ばれる方法で求めよう。J は $\boldsymbol{x}_\alpha$ で最小だから，$\boldsymbol{x}$ を $\boldsymbol{x}_\alpha$ からどの方向に動かしたとしても，$\boldsymbol{x}_\alpha$ で最小である。つまり，動かす方向を $\boldsymbol{m}$ で表し，動かした分を変数 t で表すとき，$\boldsymbol{m}$ をどう取っても

$$f(t) = |A(\boldsymbol{x}_\alpha + t\boldsymbol{m}) - \boldsymbol{b}|^2 + \alpha |\boldsymbol{x}_\alpha + t\boldsymbol{m}|^2$$

は，$t=0$ において最小になる。

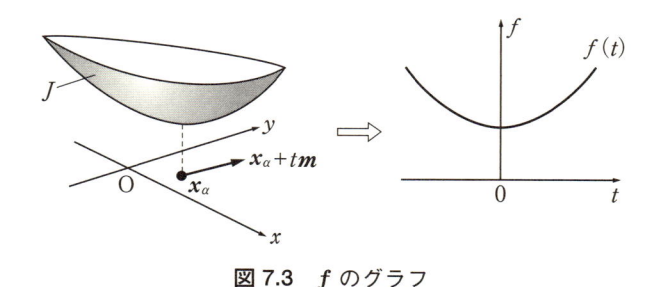

図 7.3 f のグラフ

f は，図 7.3 のように，$\boldsymbol{x}$ が $\boldsymbol{x}_\alpha$ から $\boldsymbol{m}$ の方向に動いたときの J の変化を示す。この f は t の 2 次関数である。試し

に，f の第 2 項を計算しよう。距離の 2 乗は内積だから

$$\alpha |\boldsymbol{x}_\alpha + t\boldsymbol{m}|^2 = \alpha (\boldsymbol{x}_\alpha + t\boldsymbol{m}) \cdot (\boldsymbol{x}_\alpha + t\boldsymbol{m})$$
$$= \alpha |\boldsymbol{x}_\alpha|^2 + 2(\alpha \boldsymbol{x}_\alpha \cdot \boldsymbol{m})t + \alpha |\boldsymbol{m}|^2 t^2$$

となる。同様に，f の第 1 項は

$$|A(\boldsymbol{x}_\alpha + t\boldsymbol{m}) - \boldsymbol{b}|^2 = |(A\boldsymbol{x}_\alpha - \boldsymbol{b}) + tA\boldsymbol{m}|^2$$
$$= |A\boldsymbol{x}_\alpha - \boldsymbol{b}|^2 + 2(A\boldsymbol{x}_\alpha - \boldsymbol{b}) \cdot A\boldsymbol{m}\, t + |A\boldsymbol{m}|^2\, t^2$$

と計算される。これに，すでに計算した第 2 項を加えて

$$f(t) = \{|A\boldsymbol{m}|^2 + \alpha|\boldsymbol{m}|^2\} t^2$$
$$+ 2\{(A\boldsymbol{x}_\alpha - \boldsymbol{b}) \cdot A\boldsymbol{m} + (\alpha \boldsymbol{x}_\alpha \cdot \boldsymbol{m})\} t + 定数項$$

となる。確かに，f は t の 2 次関数である。

この 2 次関数は $t=0$ で最小（図 7.3）になる。ということは，t の 1 次の係数は 0 である。よって

$$(A\boldsymbol{x}_\alpha - \boldsymbol{b}) \cdot A\boldsymbol{m} + (\alpha \boldsymbol{x}_\alpha \cdot \boldsymbol{m}) = 0 \tag{7.9}$$

でなければならない。この式の第 1 項をさらに変形するために，内積の性質 $\boldsymbol{u} \cdot A\boldsymbol{v} = {}^t\!A\boldsymbol{u} \cdot \boldsymbol{v}$ を利用する。この等式は任意の行列 A と $\boldsymbol{u}, \boldsymbol{v}$ に対しても成り立つ。意味は，行列を内積の記号・を跨いで移動させるときは，行列の転置をせよということ。行列の引っ越しの時は，縦のものを横にする。これが作法だ。

この作法で (7.9) の 2 つめの A を，内積の前に持ってくる。すると ${}^t\!A(A\boldsymbol{x}_\alpha - \boldsymbol{b}) \cdot \boldsymbol{m} + (\alpha \boldsymbol{x}_\alpha \cdot \boldsymbol{m}) = 0$ となる。すなわち

$({}^t A (A\boldsymbol{x}_\alpha - \boldsymbol{b}) + \alpha \boldsymbol{x}_\alpha) \cdot \boldsymbol{m} = 0$ が得られた。

これは、${}^t A (A\boldsymbol{x}_\alpha - \boldsymbol{b}) + \alpha \boldsymbol{x}_\alpha$ が任意の $\boldsymbol{m}$ と直交することを意味する。そんなベクトルはあるのか。うむ、たった1つだけある。すべての成分が0というベクトルだ。これを、$\boldsymbol{o}$ と書くと、結論は ${}^t A (A\boldsymbol{x}_\alpha - \boldsymbol{b}) + \alpha \boldsymbol{x}_\alpha = \boldsymbol{o}$ となる。これは、変形して ${}^t A A \boldsymbol{x}_\alpha + \alpha \boldsymbol{x}_\alpha = {}^t A \boldsymbol{b}$ と書いた方が見易い。何のことはない。これは最小2乗解の方程式 (6.17) の左辺に $\alpha \boldsymbol{x}$ を足したものだ。

以上により、チホノフ正則化解 $\boldsymbol{x}_\alpha$ は

$$ {}^t A A \boldsymbol{x} + \alpha \boldsymbol{x} = {}^t A \boldsymbol{b} \tag{7.10} $$

をみたすことが示された。チホノフ正則化解は、図7.3の J の最小値を与える $\boldsymbol{x}$ だから必ず存在する。よって、(7.10) の解はある。

しかも、(7.10) の解はただ1つである。なぜなら、解が2つあるなら、その差を $\boldsymbol{y}$ とすると $\boldsymbol{y}$ は、${}^t A A \boldsymbol{y} + \alpha \boldsymbol{y} = \boldsymbol{o}$ をみたす。これと $\boldsymbol{y}$ との内積を作れば ${}^t A A \boldsymbol{y} \cdot \boldsymbol{y} + \alpha \boldsymbol{y} \cdot \boldsymbol{y} = 0$ となる。ここで、前の作法にしたがって、左の ${}^t A$ を内積の記号 $\cdot$ の右に引っ越しさせる。すると $|A\boldsymbol{y}|^2 + \alpha|\boldsymbol{y}|^2 = 0$ が得られる。$\alpha > 0$ だから、これは $|\boldsymbol{y}| = 0$ を意味する。つまり、解が2つあるとしても、その2つは同じものだ。よって、チホノフ正則化解 $\boldsymbol{x}_\alpha$ は、(7.10) の解として一意に定まる。

(7.10) も連立1次方程式である。づる亀算、すなわち $A = \begin{pmatrix} 7.1 & 5.9 \\ 7.7 & 6.5 \end{pmatrix}$, $\boldsymbol{b} = \begin{pmatrix} 3.6 \\ 3.8 \end{pmatrix}$ のときは、この方程式は (7.4) に他ならない。

連立1次方程式 (7.10) は，単位行列

$$I = \begin{pmatrix} 1 & \cdots & 0 \\ \vdots & \ddots & \vdots \\ 0 & \cdots & 1 \end{pmatrix}$$

（対角の成分のみ1，他は0のn行n列行列）を使えば

$$({}^t\!A A + \alpha I)\boldsymbol{x} = {}^t\!A \boldsymbol{b} \tag{7.11}$$

と表される。I は数の1と同じで，常に $I\boldsymbol{x} = \boldsymbol{x}$ だからである。

すでに示したように，α を正の数とするとき，(7.11) の解は必ず存在してしかもただ1つである。以上をまとめる。
<u>チホノフ正則化解 $\boldsymbol{x}_\alpha$ は (7.11) の解である。</u>

■特異値分解とチホノフ正則化

チホノフ正則化解 $\boldsymbol{x}_\alpha$ は (7.11) の解だから，${}^t\!A A + \alpha I$ の逆行列 $({}^t\!A A + \alpha I)^{-1}$ を用いれば $\boldsymbol{x}_\alpha = ({}^t\!A A + \alpha I)^{-1}\, {}^t\!A \boldsymbol{b}$ で与えられる。そこで $A_\alpha^\dagger = ({}^t\!A A + \alpha I)^{-1}\, {}^t\!A$ とおくと，$\boldsymbol{x}_\alpha = A_\alpha^\dagger \boldsymbol{b}$ である。よって，この $A_\alpha^\dagger$ が観測データ $\boldsymbol{b}$ に対し $\boldsymbol{x}_\alpha$ を対応させる行列を与える。

実は，次が成り立つ（証明は省略）。

【特異値分解とチホノフ正則化】

A の特異値分解を (6.28) とするとき，$A_\alpha^\dagger$ は

$$A_\alpha^\dagger = \frac{\mu_1}{\mu_1{}^2 + \alpha}\, \boldsymbol{v}_1 {}^t\!\boldsymbol{u}_1 + \cdots + \frac{\mu_r}{\mu_r{}^2 + \alpha}\, \boldsymbol{v}_r {}^t\!\boldsymbol{u}_r \tag{7.12}$$

この表現と (6.32) を見比べる。そうすれば，$A_\alpha^\dagger$ とムーア–ペンローズ逆行列 $A^\dagger$ との関係は明確だ。何のことはない。(7.12) で $\alpha=0$ としたものが $A^\dagger$ である。

(7.12) を $\boldsymbol{b}$ に掛けて ${}^t\boldsymbol{u}_k\,\boldsymbol{b}=\boldsymbol{b}\cdot\boldsymbol{u}_k$ を用いて計算し，和の記号を用いてシンプルに書けば

$$\boldsymbol{x}_\alpha = A_\alpha^\dagger\,\boldsymbol{b} = \sum_{k=1}^r \frac{\mu_k}{\mu_k{}^2+\alpha}\,(\boldsymbol{b}\cdot\boldsymbol{u}_k)\,\boldsymbol{v}_k, \tag{7.13}$$

が得られる。長さ最小の最小 2 乗解 $\boldsymbol{x}_\diamond$ は $\boldsymbol{x}_\diamond = A^\dagger\boldsymbol{b}$ である（165 ページ参照）から，上で $\alpha=0$ として，次で与えられる。

$$\boldsymbol{x}_\diamond = A^\dagger\,\boldsymbol{b} = \sum_{k=1}^r \frac{1}{\mu_k}\,(\boldsymbol{b}\cdot\boldsymbol{u}_k)\,\boldsymbol{v}_k \tag{7.14}$$

逆に見れば，チホノフ正則化解 $\boldsymbol{x}_\alpha$ は (7.14) の $\dfrac{1}{\mu_k}$ を $\dfrac{\mu_k}{\mu_k{}^2+\alpha}$ に置き換えたものだ。このちょっとした置き換えが，解のぶれを抑制する。

$A\boldsymbol{x}=\boldsymbol{b}$ のデータ $\boldsymbol{b}$ がずるっと $\tilde{\boldsymbol{b}}$ に動いたとき，チホノフ正則化解 $\boldsymbol{x}_\alpha$ は $\tilde{\boldsymbol{x}}_\alpha$ に動く。それは，(7.13) より

$$\tilde{\boldsymbol{x}}_\alpha = \sum_{k=1}^r \frac{\mu_k}{\mu_k{}^2+\alpha}\,(\tilde{\boldsymbol{b}}\cdot\boldsymbol{u}_k)\,\boldsymbol{v}_k$$

である。これから (7.13) を減じた

$$\tilde{\boldsymbol{x}}_\alpha - \boldsymbol{x}_\alpha = \sum_{k=1}^r \frac{\mu_k}{\mu_k{}^2+\alpha}\,((\tilde{\boldsymbol{b}}-\boldsymbol{b})\cdot\boldsymbol{u}_k)\,\boldsymbol{v}_k$$

がチホノフ正則化解が動いた分だ。仮に，データのずれ $\tilde{\boldsymbol{b}} - \boldsymbol{b}$ が一番小さな特異値に対する $\boldsymbol{u}_r$ の方向に，δ の大きさだけあったとする。つまり $\tilde{\boldsymbol{b}} - \boldsymbol{b} = \delta \boldsymbol{u}_r$ とする。このとき $((\tilde{\boldsymbol{b}} - \boldsymbol{b}) \cdot \boldsymbol{u}_k) = \delta (\boldsymbol{u}_r \cdot \boldsymbol{u}_k)$ は $\boldsymbol{u}_k$ の直交性より $k = r$ のときだけ δ で他は 0 だから，$\tilde{\boldsymbol{x}}_\alpha - \boldsymbol{x}_\alpha = \dfrac{\mu_r}{\mu_r^2 + \alpha} \delta \boldsymbol{v}_r$ となる。$|\boldsymbol{v}_r| = 1$ だから，これより解のずれの大きさは

$$|\tilde{\boldsymbol{x}}_\alpha - \boldsymbol{x}_\alpha| = \frac{\mu_r}{\mu_r^2 + \alpha} \delta$$

となる。$\alpha > 0$ があるため，解のずれに歯止めがかかる。

対比のために正則化しない場合，すなわち $\alpha = 0$ のときを見る。このときは

$$|\tilde{\boldsymbol{x}}_\diamond - \boldsymbol{x}_\diamond| = \frac{\delta}{\mu_r} \tag{7.15}$$

だから，解のずれは，観測データのずれ δ の $\dfrac{1}{\mu_r}$ 倍となる。よって，もし μ_r が非常に小さいと，観測データのずれは，著しく増幅され大きな解のずれを生じる。本章冒頭のクイズの解（160〜161 ページより，長さ最小の最小 2 乗解と言っても良い）の鋭敏性の理由は，ここにある。実際に，クイズの行列では，$\mu_1 = 13.66 \cdots$ に対し $\mu_2 = 0.05268 \cdots$ と，μ_2 は μ_1 に比べ非常に小さい。

もちろん，$\boldsymbol{x}_\diamond$ を現実的な解とした際に，これが誤差に対し鋭敏に動かないのであれば，正則化法を適用する必要はない。素直に $\boldsymbol{x}_\diamond$ を合理的に決められた現実的な解とすれば良い。その判断は，最大特異値 μ_1 と最小特異値 μ_r の比によって成される。この指標を条件数といい $\mathrm{cond}(A)$ と書く。式で

書けば，次である。

$$\mathrm{cond}(A) = \frac{\mu_1}{\mu_r}. \tag{7.16}$$

相対誤差に対して，解の相対的なぶれがどれくらいで済むか。そのことの評価は，条件数を用いて

$$\frac{|\tilde{\bm{x}} - \bm{x}|}{|\bm{x}|} \leq \mathrm{cond}(A) \, \frac{|\tilde{\bm{b}} - \bm{b}|}{|\bm{b}|} \tag{7.17}$$

で与えられる。よって，$\mathrm{cond}(A)$ が小さい場合には，解はあまりぶれず，正則化は不要だ。実は，第6章における問題はいずれも条件数が小さく，正則化を必要としなかった。

一方，$\mathrm{cond}(A)$ が大きいときは，相対的に μ_r が小さく，誤差の方向によっては，(7.15) のように解は誤差によって大きくぶれる。このようなとき，連立1次方程式 $A\bm{x} = \bm{b}$ は悪条件にあると言われ，何らかの正則化を要する。

結論めいたことを言ったついでに，モロゾフの食い違い原理も一般的なものとしてまとめておこう。繰り返しになるが，<u>食い違い原理は，誤差の見積もりを δ とするとき</u>

$$|A\bm{x}_\alpha - \bm{b}| = \delta \tag{7.18}$$

<u>によって α を定める方法である。</u>

非常にうまくできていることに，A がどんな行列であっても，食い違いを与える関数 $d(\alpha) = |A\bm{x}_\alpha - \bm{b}|$ は，α の増加関数になる。そのグラフは，図7.4のようなものだ。

関数 $d(\alpha)$ は，$d(0) = |A\bm{x}_\diamond - \bm{b}|$ から $|\bm{b}|$ まで単調に増加する。したがって，$|A\bm{x}_\diamond - \bm{b}| < \delta < |\bm{b}|$ なる δ に対し，(7.18)

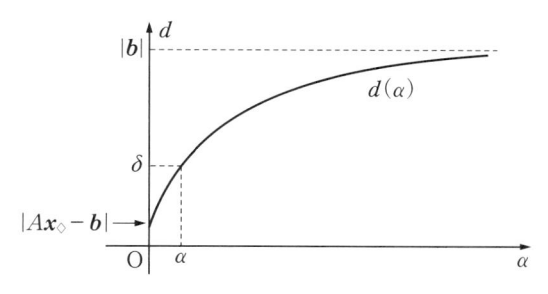

図 7.4　食い違いの全体像（α の決定）

をみたす α が 1 つ定まる。この α が食い違い原理で選ばれる正則化パラメーターであり，そのときの x_α が $Ax=b$ の現実的な解を与える。

■積分方程式の不安定性

元来，チホノフの正則化法（1963 年）は積分方程式

$$\int_a^b K(p,t)f(t)dt = g(p) \tag{7.19}$$

の解の不安定性に対し，考案された。この方程式は，第 1 章でも少し触れた第 1 種フレドホルム積分方程式と呼ばれる積分方程式だ。(7.19) のように書くとそっけないが，要するに，重力探査の項で取り上げた (1.15) のようなものである。

(7.19) は，観測データ g に対し，未知の関数 f を求める問題である。構造的には，連立 1 次方程式 $Ax=b$ と同じで，b にあたるのが g，x にあたるのが f，そう考えれば良い。

ただし，この積分方程式の解 f の不安定性は，連立 1 次方

程式の解の鋭敏性よりはるかに深刻である。連立 1 次方程式の方は，(7.17) からわかるように，解のずれ $|\tilde{\boldsymbol{x}} - \boldsymbol{x}|$ は $|\tilde{\boldsymbol{b}} - \boldsymbol{b}|$ が小さくなれば，最終的には小さくなる。つまり，現実的には不可能にしても，観測データを限りなく精密にとれば，$\tilde{\boldsymbol{x}}$ は真の解あるいは，長さ最小の最小 2 乗解に最終的には行き着く。

ところが，積分方程式 (7.19) は，特異値分解したときに，和が無限に続き，それに伴い特異値 μ_k がいくらでも 0 に近くなっていくような問題である。したがって，観測データのずれ $\tilde{g} - g$ が小さくなったとしても，解のずれ $\tilde{f} - f$ が小さくなる保証がない。むしろ，観測を精密にすればするほど，解がずれてしまい，現実の解を再現できなくなる。

この意味を (1.15) で説明しよう。g を，チチュルブクレーター論文のブーゲ重力（第 2 章，図 2.2）とする。そして，$d = 10$ とする。重力異常の平均的な深さから見てそんなものだろう。目的は，地中の密度異常 f の相対的変化を見ることだから，余計な定数 Gd は取り払う。すると，次の形になる。

$$\int_{-120}^{120} \frac{f(t)}{((p-t)^2 + 100)^{\frac{3}{2}}} \, dt = g(p) \qquad (7.20)$$

この積分方程式を，連立 1 次方程式で近似する。最も単純な近似を使うこととし，積分区間 $[-120, 120]$ を n 等分する。n 等分した区間の中心を $t_i = -120 + \dfrac{120}{n}(2i-1),\ i = 1, \cdots, n$（図 7.5 参照）と書こう。このとき，(7.20) は

$$\sum_{i=1}^{n} \frac{f(t_i)}{((p-t_i)^2 + 100)^{\frac{3}{2}}} \frac{240}{n} = g(p)$$

で近似される。n を大きくすれば、これは (7.20) になる。次に、連続変数 p も離散化する。$[-120, 120]$ を等分する個数は n と異なって良いが、ここでは等しく取る。すると

$$\sum_{i=1}^{n} \frac{f(t_i)}{((t_j - t_i)^2 + 100)^{\frac{3}{2}}} \frac{240}{n} = g(t_j), \quad j = 1, \cdots n \quad (7.21)$$

となる。右辺は、図 2.2 に掲げたブーゲ重力の近似である。$n = 24$ のときの様子は、図 7.5 の折れ線グラフの通り。t_j は $-115, \cdots, -5, 5, \cdots, 115$ で、間隔は 10 km だ。

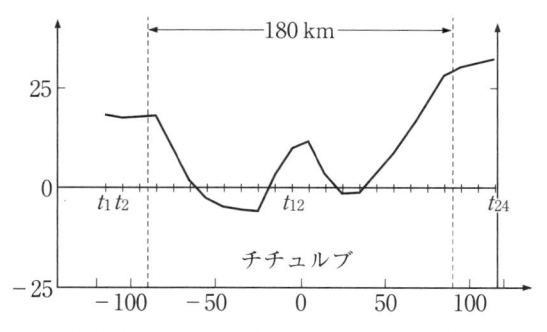

図 7.5 ブーゲ重力測定値の折れ線近似

関数 g の近似 $g(t_j)$ を縦に並べたベクトルを $\boldsymbol{b}$ とする。このとき、方程式 (7.21) は、連立 1 次方程式 $A\boldsymbol{x} = \boldsymbol{b}$ になっている。ただし、A は、$\dfrac{1}{((t_j - t_i)^2 + 100)^{\frac{3}{2}}} \dfrac{240}{n}$ を成分とする行列で、未知数 $\boldsymbol{x}$ は $f(t_i)$ を縦に並べたベクトル。

この連立 1 次方程式 $A\boldsymbol{x} = \boldsymbol{b}$ を解いて $\boldsymbol{x}$ を求めることがで

きる。未知数と方程式の数が等しく，$n=24$ 程度ならば条件数は 4.6 と悪くないので，安心して解くことができる。その結果，$f(t_i)$ が得られる。これは，t_i を中心とする幅 10 km 区間での平均密度異常を与える。それを折れ線グラフにしたのが，図 7.6 だ。

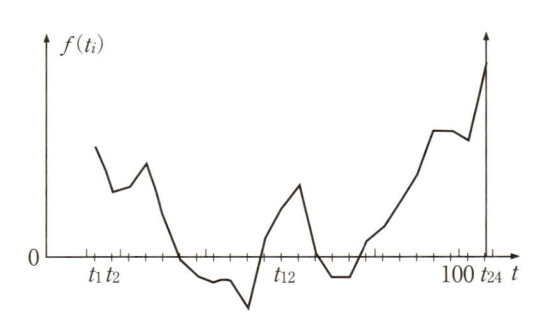

図 7.6　$n=24$ のときの密度異常折れ線近似

結果は悪くない。観測値のブーゲ異常は，密度異常の変化をぼかす。図 7.6 に見られる密度の急激な変化は，ぼかされて微細になった変化の原因を鋭く発いている。そこで，n を増やし (7.20) をもっと精密に近似した連立 1 次方程式を解けば，さらに真実に近づける。当然，そう考える。

ところがどっこい，そうは問屋が卸さない。n を増やせばもとの方程式 (7.20) の近似は精密になるが，連立 1 次方程式の条件数は大きくなり，だんだんと解は不可解なものになっていく。その兆候は，$n=48$ のときには現れる。このときの (7.21) の解 $f(t_j)$ を求め，前と同様に密度異常の折れ線近似

第7章 逆問題のジレンマ

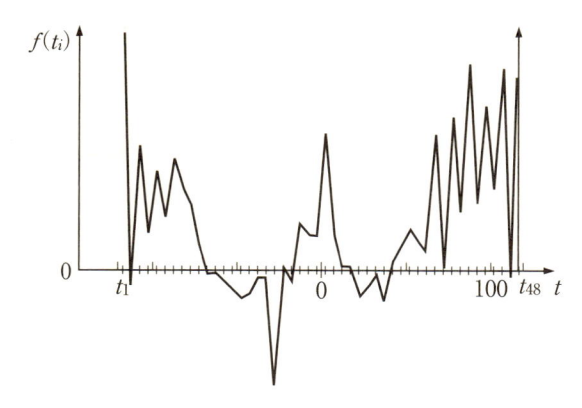

図 7.7 $n = 48$ のときの密度異常折れ線近似

を描くと，図 7.7 が得られる。

このグラフを見よ。g の近似を良くして，理に基づき (7.21) を解いた結果がこの通り。発かれた答えは暴れ出し，角が立って収拾がつかぬ。このまま n を大きくしていっても，見込みはない。もとの積分方程式が不安定だから，近似を良くすればするほど，その不安定性が正体を現してくる。

近似を良くして厳密に解いても，真実には行き着けない。これは，文字通りジレンマである。そして，このジレンマは，積分方程式 (7.19) に常に付き纏う。チホノフが編み出したのは，このジレンマに対する処方箋である。

その処方箋でも，主役はやはり正則化法だ。適切な正則化とパラメーター α により，連立 1 次方程式の解 $\boldsymbol{x}_\alpha$ を求めていく。そうすることにより，真の解に望むだけ近い答えが得られる。これが，チホノフの理論である。

不安定性を緩和する。ただし,正則化パラメーター α を過度に大きく取ると易きに流れ,方程式を生かせない。方程式の特性を活かしつつ不安定性を緩和する。正則化の意図するところは,そこに尽きる。

$n = 48$ のときの (7.21) のチホノフ正則化解を求めてみる。そして,前と同様に,$f(t_i)$ による密度異常折れ線近似を作成する。図 7.8 は,$\alpha = 0.002$ のときのものだが,現実の解のそれなりの近似であろう。なお,比較のために,図 7.6 のグラフを点線で書き入れておく。

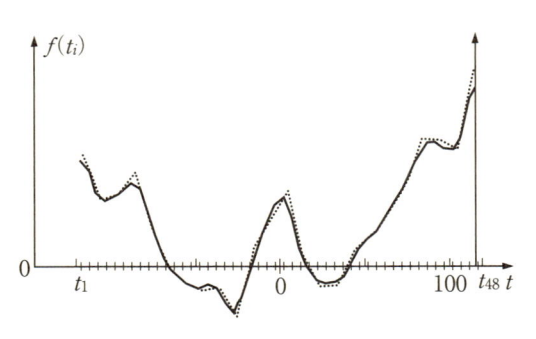

図 7.8 $n = 48$ のときの (7.21) の正則化解 ($\alpha = 0.002$)

■逆問題源流探訪

チホノフは,数学の分野では,一般位相論における「コンパクト空間の直積空間はコンパクトである」というチホノフの定理 (1935 年) で有名である。このチホノフの定理は,純粋数学が極まったような定理である。なにしろ,選択公理と

同等だ。そう言われても、料理の話題を急に洗濯の話にすり替えられた気分になろうが、選択公理とは無限個の集合の要素を同時に取り出すことが可能という公理である。うーむ。言いたいことは、チホノフの定理はすこぶる哲学的だということ。こういう分野を、数学基礎論と言う。

一方の逆問題は、数学の中では基礎論の対極にある応用数学の1つと見做される。したがって、そっちの方面の人は、チホノフと聞けば正則化法を編み出した人と言うだろう。チホノフ正則化法は1963年に発表された。その頃のソビエトというと、否応なく東西の冷戦を連想する。そして、スパイ衛星で入手したぼかされた画像から軍事施設の詳細に迫ることを想起すると、正則化法の「実際的価値」が類推できる。これは、ブーゲ重力の平滑化された測定値から、シャープに密度異常を突き止める逆問題以上の実際的価値だったのだろう。

しかし、不思議なことだが、チホノフ正則化法にはチホノフの定理と同様の、哲学的な香りがする。連立1次方程式程度ならば応用としての「実際的価値」に留まるが、積分方程式のレベルにまで踏み込めば、解とは何か、何をもって解いたと言えるのかという数学の根源的な問いに関わってくる。公理的基礎論でゲーデルが証明の限界を抉り出したのと同様に、学問の際どい縁を進む感じがしてくる。人間の認識の領域に立ち入ってくるので、ちょいとしんどいのである。チホノフと同年生まれの作曲家ドミートリィ・ショスタコービッチ（1906–1975）の交響曲を聞いて、この稀代のメロディメーカーが音楽で人間を抉り出そうと茨の道を歩むのを時に疎ましく思う、その感覚にどことなく似ている。

実は、積分方程式(7.19)の近似解を求める手法が、チホノ

フの論文より早く，1962年に米国のデビッド・フィリップスによって提案されている。この方法は，チホノフ正則化法と類似しており，もとの方程式の声をよく聞きながら不安定性と折り合いをつけていく点では，同じ発想にある。しかし数値計算に主眼が置かれているためか，こちらからは，哲学的なしんどさを感じない。

チホノフが，いつ頃から逆問題に興味をいだいたのか，その正確なところは分からぬが，1943年には重力探査に関わる論文「逆問題の安定性について」を発表している。このことから，逆問題，特にその安定性の問題には，遅くとも1940年代には興味を持っていたと思われる。

逆問題という用語が現代的な意味で論文のタイトルに使われ始めるのは，これより少し前のことである。たとえば1933年に米国のルドルフ・ランガー（1894-1968）が「微分方程式におけるある逆問題」という論文を発表している。内容は地殻の電気伝導率を電位の測定から決定する逆問題である。今日では電気インピーダンストモグラフィーと呼ばれる逆問題の先駆と言える。

ランガーは，WKB法など微分方程式の研究を行う一方で，逆問題の論文を2編書いている。バーコフの弟子だから，ムーアの孫弟子になる。しかし，逆問題を始めたことが，ムーアに関係あるとは到底思えない。ランガーはウイスコンシン大学で，軍事数学研究センターなるものを統率していたが，このことと彼の逆問題研究との関係の有無は，不明である。

チホノフやランガーの地球物理学から派生した逆問題は，孤立した点として存在していたように見える。第1章で触れた日高の研究も，第3章で述べたコークレス–ピスコーノフの

第7章 逆問題のジレンマ

等時性の逆問題も、孤立した点である。しかし1940年代後半になると、次章で紹介する散乱の逆問題や逆スペクトル問題が本格的に登場する。このころから逆問題の点は線となり、次第に大きな流れを形成する。現代逆問題の萌芽は20世紀前半にあり、これが20世紀後半に大きく花開いたと言えよう。

■放射性物質逆問題の正則化解

逆問題の非適切性は、解の誤差に対する鋭敏性を引き起こす。このことは、第1章で指摘した。その時に例として挙げた放射性物質逆問題では、方程式を素直に解くと、データ誤差により大きくぶれる解に行き着いた。本章で紹介した正則化法を利用して、この逆問題に対する合理的な解を求めてみよう。

まず、問題を思い出して整理しておく。図7.9のように、1万キロリットルの貯水槽にxの濃度の汚染水が、1日あたりyの割合で貯水槽に流れ込むという状況である。n日後の放射性物質濃度をa_nと書くとき、観測データは

$$a_0 = 24.0, \quad a_1 = 25.9, \quad a_2 = 27.6 \tag{7.22}$$

だった。これから、x, yを定めよ。これが問題である。貯水槽の大きさ10000をVとおいて方程式を作ると、(1.5)、すなわち

$$\begin{cases} x - a_1 = \left(1 - \dfrac{y}{V}\right)(x - a_0) \\ x - a_2 = \left(1 - \dfrac{y}{V}\right)^2 (x - a_0) \end{cases} \tag{7.23}$$

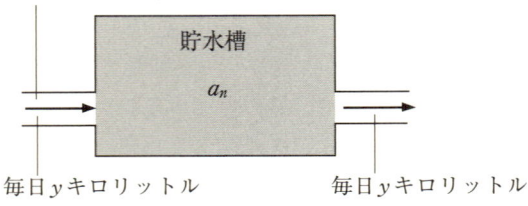

図7.9 放射性物質逆問題（図 1.3 再掲）

が得られるが，これを厳密に解いた解 (x,y) は誤差に対し鋭敏で現実的でない。と，まあこういう話だった。未知数は x, y で方程式は 2 本だから，状況はクイズで出したつる亀算に類似している。

この方程式を簡潔にするために

$$X = \frac{x}{a_0} - 1, \quad Y = \frac{y}{V} \tag{7.24}$$

とおく。このとき，(7.23) の第 1 式を a_0 で割った式は

$$\frac{x}{a_0} - 1 - \left(\frac{a_1}{a_0} - 1\right) = (1-Y)\left(\frac{x}{a_0} - 1\right)$$

と変形されるから，$A = \frac{a_1}{a_0} - 1$ とおくと $X - A = (1-Y)X$ となる。さらに右辺を展開すれば，$XY = A$ と簡単になる。同様に，(7.23) の第 2 式を a_0 で割って，$B = \frac{a_2}{a_0} - 1$ とおくと $X - B = (1-Y)^2 X = (1 - 2Y + Y^2)X$ である。これから，$(2Y - Y^2)X = B$ が得られる。つまり，$XY(2-Y) = B$。

ここまでをまとめると，X, Y を (7.24) で定め，さらに

第7章　逆問題のジレンマ

$$A = \frac{a_1}{a_0} - 1, \quad B = \frac{a_2}{a_0} - 1 \tag{7.25}$$

とおけば，連立方程式 (7.23) は

$$\begin{cases} XY = A \\ XY(2-Y) = B \end{cases} \tag{7.26}$$

と書き直される。こうして，解くべき問題は (7.26) になった。

問題の意味から，$0 < X$, $0 < Y < 1$ である。もちろん，A, B は観測データ (7.25) と (7.22) から

$$A = \frac{19}{240} = 0.079\cdots, \quad B = \frac{36}{240} = \frac{3}{20} = 0.15 \tag{7.27}$$

と計算されるが，まだ記号のままにしておく。

(7.26) はとてもシンプルで，容易に解ける。$A(2-Y) = B$ として，それを A で割って $Y = 2 - \frac{B}{A} = \frac{2}{19}$, $X = \frac{A}{Y} = \frac{361}{480}$ だ。しかしこれでは前と一緒で，データ誤差に対し大きくぶれる解に行き着くだけだ。実際，A は小さな数だから，Y の答えは a_1, a_2 の誤差をまともに受けて暴れることになる。

さて，どうするか。ここが，知恵の使いどころだ。いろいろな考え方があり得るが，づる亀算に対して行ったのと同様の正則化法を使ってみよう。つまり，(7.26) の左辺から右辺を引いたものに正則化項 $\alpha(X^2 + Y^2)$　（$\alpha > 0$）を加えた

$$J = (XY - A)^2 + (XY(2-Y) - B)^2 + \alpha(X^2 + Y^2)$$

を最小にする X, Y を求める。J を最小にする X, Y の値が求まれば，あとは (7.24) で x, y の値を決めるだけだ。もちろ

ん，α をどう選択するかが重要だが，それは後で考えよう．

J のグラフはやはり，図 7.1（180 ページ）のような感じになる．X,Y が大きいところでは，J は大きく，最小にはなり得ない．欲しいのは，$0\leqq X, 0\leqq Y\leqq 1$ で J を最小にする点だ．$J(X,X)$ の 2 階導関数の $X=0$ での正負を調べる等，少し詳しく $J(X,Y)$ を解析する．その結果，$\alpha < A+2B = \dfrac{91}{240}$ ならば，J を最小にする点は，上の範囲 $0\leqq X, 0\leqq Y\leqq 1$ の（境界ではなく）内部にあることがわかる．

その点は，J を X,Y で微分して 0 とおいた 2 本の方程式の解として得られる．まず，J を X で微分して，それを 0 に等しいとする．そうして得られる式は

$$X\{Y^2(Y^2-4Y+5)+\alpha\} = AY+BY(2-Y) \qquad (7.28)$$

である．同様に，J を Y で微分して，イコール 0 として

$$X^2Y(2Y^2-6Y+5) - X(A+2B(1-Y)) + \alpha Y = 0 \quad (7.29)$$

となる．そこで，この 2 つをみたす X,Y を求める．

(7.28) の左辺の Y の関数は正である．よって，X は

$$X = \frac{AY+BY(2-Y)}{Y^2(Y^2-4Y+5)+\alpha} \qquad (7.30)$$

と，Y で表される．これを (7.29) に代入すると

$$Y^2(A+B(2-Y))^2(2Y^2-6Y+5)$$
$$-(A+B(2-Y))(A+2B(1-Y))\{Y^2(Y^2-4Y+5)+\alpha\}$$
$$+\alpha\{Y^2(Y^2-4Y+5)+\alpha\}^2 = 0 \qquad (7.31)$$

第7章 逆問題のジレンマ

という方程式が得られる。これは Y の8次方程式だ。左辺の関数は、$Y=1$ で必ず正の値になる。また、$Y=0$ では $\alpha(\alpha+(A+2B))(\alpha-(A+2B))$ となるので、$0<\alpha<A+2B=\dfrac{91}{240}$ ならば、負の値になる。ゆえにこの8次方程式は、$0<Y<1$ において解をもつ。実は、もう少し踏み込んだ議論により、$0<Y<1$ において解は1つだけであることがわかる。この解 Y_α を求め、その値を (7.30) に代入して得られた X_α との組 (X_α, Y_α) が J を最小にする点の座標である。これを (7.26) の正則化解と呼ぶ。

(7.31) は8次方程式。解を求めるには、さすがに数値計算のお世話になるしかない。そうして求めた (X_α, Y_α) をグラフにしたのが、図 7.10 だ。α が 0 から $\dfrac{91}{240}$ まで動くとき、(X_α, Y_α) は $\left(\dfrac{361}{480}, \dfrac{2}{19}\right)$ を始点として、曲線上を動いていく。

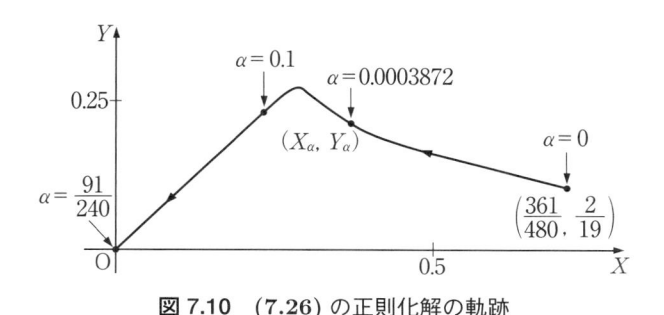

図 7.10 (7.26) の正則化解の軌跡

この曲線は、意味深である。山登りのようだが、人生にも見える。$\alpha=0$ のときの (X_α, Y_α) は、(7.26) の真の解。生ま

れたばかりの赤ん坊で、穢(けが)れがないから、折り合いなんて持ち合わせていない。腹が減ったら、泣くだけだ。年月を経て α が増えてくると、自分にも非があるのかもと、誤差と折り合いをつけ始める。齢を重ねれば、さらに丸くなって妥協も気にならなくなる。だんだんと無の境地に近くなり、$\alpha = \frac{91}{240}$ で原点。そこが、この軌跡の鬼籍だ。

熊五郎「一体どの (X_α, Y_α) を採ればいいんです解。御隠居」

御隠居「智に働けば角(かど)が立つ。情に棹(さお)させば流される。意地を通せば窮屈だ。とかくに人の世は住みにくい」

八五郎「漱石の『草枕』ですか。禅問答のようで、ますます頭がくらくらしてくらー」

御隠居「山路(やまみち)を登りながら考えたんだ。(X_α, Y_α) に山登りしながら、考えてもらおう解」

どの (X_α, Y_α) が問題 (7.26) にとって最適な解か。それは、誤差がどれほどかによる。ここでも、前に食い違い原理（183ページ）で示したのと同様の考え方を適用しよう。つまり、(7.26) の左辺と右辺の食い違い

$$d(\alpha) = \sqrt{(X_\alpha Y_\alpha - A)^2 + (X_\alpha Y_\alpha (2 - Y_\alpha) - B)^2}$$

が誤差の見積もり δ と等しくなるように、α を選ぶのだ。今の問題では、観測データが (7.22) ではなく

$$a_0 = 24.0, \quad a_1 = 25.9, \quad a_2 = 27.7 \qquad (7.32)$$

かもという話だった。(7.25) より、これは (7.27) の B が $B = \frac{37}{240}$ かもという話だ。そこで、誤差の見積もりは $\delta = \frac{1}{240}$ となる。ここでも $d(\alpha)$ は、図 7.11 のように単調増加になる。

したがって，$\delta = \dfrac{1}{240}$ に対し $d(\alpha) = \delta$ となる α がただ 1 つ決定される。その数値は $\alpha = 0.0003872\cdots$ である。

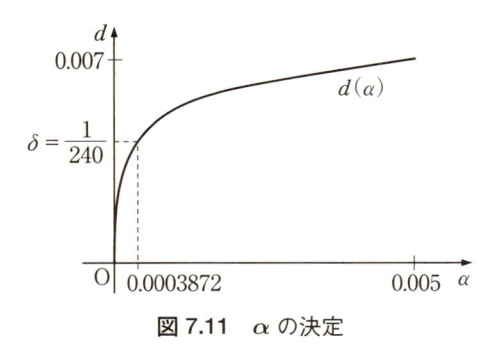

図 7.11 α の決定

この α に対する $(X_\alpha, Y_\alpha) = (0.388479, 0.21268)$，これが答え，つまり (7.26) の合理的で現実的な解となる。図 7.10 の中央付近に示したのは，この点である。

(7.24) から $x = a_0(X+1)$, $y = VY = 10000Y$ だから，(x, y) に戻せば，およそ $x_\alpha = 33.32$，$y_\alpha = 2127$ となる。これが正則化法による放射性物質逆問題の解である。誤差を考慮したときの（1 つの）科学的な正解と言える。

結果はどうか。観測誤差を考慮して正則化すると，y の値は大きい。つまり貯水槽に流入する地下水の量は，誤差が無いとしたときの解に比べて多い。そうなる直接の原因は，図 7.10 で，α が 0 から 0.0003872 まで動くときに，点 (X_α, Y_α) が山の中腹まで登ったことによる。

何かしら汚染物質が流入しているとき，その流入量は，観

測誤差が無いとして計算した値よりも,想定を超えて高い可能性がある。この逆解析は,そのことを示唆する。

同様の解析は,a_2 がずるっとずれた (7.32) に対しても成される。今度は,適切な正則化パラメーターは $\alpha = 0.0001247$ で,最終的には (x_α, y_α) は表 7.1 の値になる。むろん,解のぶれはそれなりに抑えられている。

表7.1　放射性物質逆問題の厳密解と正則化解

データ (a_0, a_1, a_2)	厳密解 (x, y)	正則化解 (x_α, y_α)
(24.0, 25.9, 27.6)	(42.05, 1053)	(33.32, 2127)
(24.0, 25.9, 27.7)	(60.10, 526)	(36.30, 1626)
(24.0, 25.9, 27.8)	存在せず	(41.46, 1139)

もっと興味深いのは,さらにずれて $a_2 = 27.8$ のとき。このときは,$B = \dfrac{38}{240} = 2A$ だから,$Y = 2 - \dfrac{B}{A} = 0$ で $XY = 0$ となってしまう。よって (7.26) は,数学的な解を持たない。(A, B) が写像 $(XY, XY(2-Y))$ の値域からはみ出し,解が存在しない非適切問題となっている。

だが正則化法を行うと,$\alpha > 0$ ならば相変わらず (X_α, Y_α) は存在する。解の軌跡も,図 7.10 と似たり寄ったり。食い違い原理で決定した α は 0.000038 で,答えは表 7.1 の通り。

現実には,解はある。この逆問題の立場では,「解は存在しない」では答えにならない。したがって,(41.46, 1139) を解とする。非適切問題を正則化項を付して,適切問題で近似したことになる。ここまでくれば,正則化の方法は,単に誤差に対する鋭敏性の回避法以上の意味をもつ。解とは何かを,

哲学的にあるいは根源的に問うているのだ。

(7.26) で $A = \dfrac{19}{240}$ のまま，B を $\dfrac{36}{240} \to \dfrac{38}{240}$ としたときの厳密解と正則化解を合わせて書くと，図 7.12 のようになる。

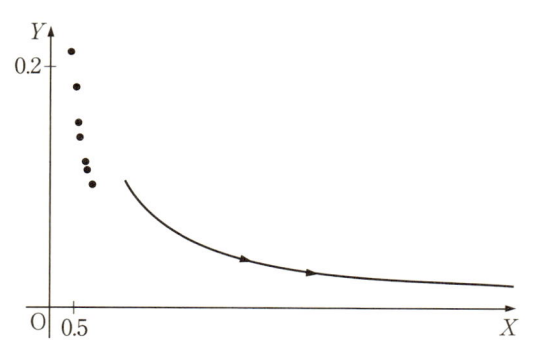

図 7.12 正則化解の収束

曲線で書いたのが厳密解で，$B \to \dfrac{38}{240}$ のときに $X \to \infty$ と暴走する。智に働いて角が立ってしまったのだ。一方，点々で示した正則化解は左上から移動し，$B \to \dfrac{38}{240}$ のときに右下の点に収束する。正則化した問題は適切問題だ。α が大きいと，情に棹さして，解は流されてしまう。そのさじ加減が難しい。意地をはって α を固定したままだと窮屈で，非適切問題の近似にならない。誤差 δ が小さくなってきたら，α も適切に小さくしていく必要がある。とかくに非適切問題は解きにくい。

放射性物質逆問題の観測を a_0, a_1, a_2 だけでなく $a_3, \cdots, a_n$ ともっと増やせばどうなるか。この問題は興味深い。山路を

登ったときにでも，考えてもらおう解。

第 8 章 量子散乱の逆問題

自宅のピアノで寛ぐ小平邦彦氏
読売新聞社

■量子力学速成コース

さて,量子力学。量子力学といってもその逆問題をやるので,順問題すなわち量子力学そのものの解説はほどほどにしておこう。量子はとびとびのエネルギーを取る。これがプランクの量子仮説であり,この仮説のもとにプランクは光のエネルギー要素を $h\nu$ (ν は光の振動数,h はプランク定数) と決定した。またアインシュタインは,光電効果等の現象の説明のために,この仮説を発見的考察で導いた。ここまでは,第 4 章のおさらい。

当時,原子の安定性を示す原子模型の確立が大きな課題となっていた。電子が電磁波を放出すると,エネルギーを失い原子核に落ち込んでしまう。これでは原子が壊れてしまう。実際にはそうはならず,原子は安定性を保持している。その理屈を説明することが求められていたのである。

1913 年に,コペンハーゲンのニールス・ボーア (1885–1962) は,古典論とプランクのエネルギー量子論を折衷して,新しい原子構造論を打ち立てた。

ボーアは,電子の角運動量がプランク定数の自然数倍の値のみを取り得るとした。式で書けば,$mvr = \hbar n$ である。左辺が電子の角運動量である。右辺はプランクが考えた量子のとびとびを表す。$\hbar$ には,ひげがついているが,誤植ではない。角で書くために,プランク定数を 2π で割った定数 $\hbar = \dfrac{h}{2\pi}$ を使う。読み方はエッチバー。

これと電子の遠心力とクーロン力のつり合いの式を組み合わせると,半径 $r = r_n$ が決定される。式は後回し,まず,図示する。

第8章 量子散乱の逆問題

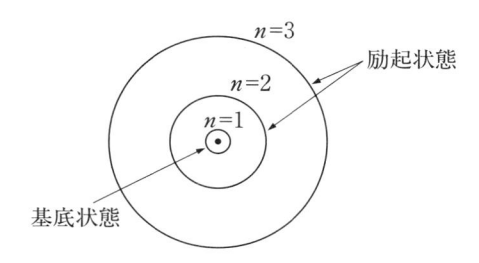

図 8.1 ボーアの水素原子（電子の軌道と束縛状態）

中心にいるのが陽子。こんな単純な容姿ではないが，模式的に点で書いた。$n=1$ のときの軌道の半径を a_0（ボーア半径と言う）と書けば，n のときの半径は，$r_n = n^2 a_0$ となる。実際には，$a_0 \fallingdotseq 0.53 \times 10^{-10}$m であるが，それでは見えないので，思い切り拡大。拡大しすぎて，$n \geqq 4$ は本に入り切らない。ついでに，前に述べた電子の遠心力とクーロン力のつり合いの式も書いておけば

$$\frac{mv^2}{r_n} = \frac{q^2}{r_n{}^2}$$

である。左辺が電子が n の軌道を回るときの遠心力，右辺は電子と陽子に働くクーロン力だ。ただし，q は陽子の電荷を表す。

各々の軌道を回る電子のエネルギー E_n は，運動エネルギーと電気力による位置エネルギー（$-\dfrac{q^2}{r_n}$，クーロンポテンシャルと言う）の和で与えられる。つまり

$$E_n = \frac{1}{2}\,mv^2 - \frac{q^2}{r_n} = \frac{1}{2}\frac{q^2}{r_n} - \frac{q^2}{r_n} = -\frac{q^2}{2r_n} \qquad (8.1)$$

と計算される。この値 E_n が負なのは，電子が原子内に束縛されていることを意味する。これを束縛状態と言う。電子のエネルギーが正であれば，電子は自由に動き回るし，任意のスピードをもつことができる。したがって，任意のエネルギーの値をとる。しかし，束縛されているときには，そのエネルギーは

$$E_n = -\frac{1}{2}\frac{q^2}{n^2 a_0} = -\frac{13.6}{n^2}\,\text{eV}$$

と，とびとびの値のみをとり得る。

　束縛状態のうち，$n \geqq 2$ のときを励起状態と言う。この励起状態は，いずれは $n=1$ のときの基底状態に移る。その際，電子は光としてエネルギーを放出する。たとえば，エネルギー E_3 の束縛状態から基底状態に移る際には，$E_3 - E_1$ のエネルギーを光子 1 個として放出する。そして，その光の振動数 ν は $E_3 - E_1 = h\nu$ から決まる。もちろん，右辺の $h\nu$ はプランクのエネルギー量子である。

　以上が，ボーアの原子模型である。この模型は，水素原子が放射する光の振動数の実験結果をきれいに説明した。しかし，軌道を古典力学を用いて計算しつつ，量子エネルギーのとびとびを利用してその軌道の安定性を示す方法に，当時の物理学者は決して満足していなかった。このような中途半端な理論から量子の運動を記述することには，限界が見えていたからだ。量子論は，いまだ量子力学たり得なかったのである。

　プランクの関係式 $\varepsilon = h\nu$ の左辺は粒子のエネルギーで，右

辺は波動の振動数である。したがって，この関係式は光の粒子と波動の相互関係である。こう理解すると，プランク定数 h の凄味(すごみ)がわかる。フランスのルイ・ド・ブロイ (1892–1987) は，このプランクの関係式とアインシュタインの特殊相対論を用いて，光子や電子に限らず，伝播する波動の中に組み込まれた物体の運動量 p とその波動（物質波）の波長 λ の間に

$$p = \frac{h}{\lambda} \tag{8.2}$$

の関係式が成り立つことを見出した。

これは，1924 年にパリ大学に提出されたド・ブロイの学位論文である。このド・ブロイの関係式もまた，量子の粒子と波動の相互関係だ。たとえば，図 8.1 の軌道を回る電子の波動としての振動数も (8.2) で考えれば良い。もっと一般に，クーロンポテンシャル $V = -\dfrac{q^2}{r}$ に限らず，量子が電場に反応（量子反応）するときの場のポテンシャルエネルギーがどんな V であっても，(8.2) は成り立つ。

直線を伝わる波動 ψ(プサイ) は，λ を波長，ν を振動数とすると $\theta = 2\pi(\dfrac{x}{\lambda} - \nu t)$ を位相として，関数 $\psi = A \sin\theta$ で表される（図 8.2）。

よって，波動 ψ は振幅 A の値が何であっても，方程式

$$\psi'' + \frac{4\pi^2}{\lambda^2}\psi = 0 \tag{8.3}$$

をみたす。ただし，ここで ψ'' は ψ を x で 2 回微分して得られる関数である。$\psi = A\sin\theta$ で $\theta = 2\pi(\dfrac{x}{\lambda} - \nu t)$ としたので，

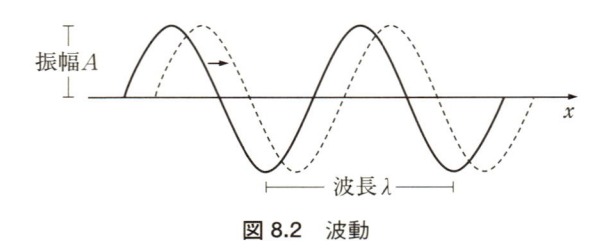

図 8.2 波動

$\psi = A\sin(2\pi(\frac{x}{\lambda} - \nu t))$ である。これを x で 1 回微分すると $\psi' = A\cos(2\pi(\frac{x}{\lambda} - \nu t))\frac{2\pi}{\lambda}$ となり，さらにもう 1 回微分すると

$$\psi'' = -A\sin\left(2\pi\left(\frac{x}{\lambda} - \nu t\right)\right)\frac{4\pi^2}{\lambda^2} = -\frac{4\pi^2}{\lambda^2}\psi$$

だから，ψ は確かに (8.3) をみたす。

λ は，ド・ブロイの関係式 (8.2) と $p = mv$ から $\lambda = \dfrac{h}{mv}$ と表される。これを上の波動の方程式に代入して，$\dfrac{h}{2\pi} = \hbar$ で書き直せば

$$\psi'' + \frac{m^2 v^2}{\hbar^2}\psi = 0 \tag{8.4}$$

が得られる。一方，運動する量子のエネルギーは，運動エネルギー $\frac{1}{2}mv^2$ と場のポテンシャルエネルギー V の和である。つまり，(8.1) と同様に，$E = \frac{1}{2}mv^2 + V(x)$ である。よって $\frac{1}{2}mv^2 = E - V(x)$ だ。これを (8.4) に代入して

第8章 量子散乱の逆問題

$$\psi'' + \frac{2m}{\hbar^2}(E-V(x))\psi = 0$$

となる。これに，$\dfrac{\hbar^2}{2m}$ を掛けて移項すると

$$-\frac{\hbar^2}{2m}\psi'' + V(x)\psi = E\psi \tag{8.5}$$

が得られる。これを，シュレディンガー方程式と言う。これにて，量子力学速成コースは完了。

■シュレディンガー

なにやら後ろめたいので，ちょっと補足する。エルビン・シュレディンガー（1887–1961）はウィーン生まれの物理学者。彼がシュレディンガー方程式を発表したのは 1926 年，チューリッヒ大学教授の時期だ。論文は「固有値問題の量子化」のタイトルで，1926 年の 1 月〜6 月の半年の間に 4 編，立て続けに発表されている。しかも，その間に「ハイゼンベルク–ボルン–ヨルダンの量子力学と私の力学との関係について」を書いて，ベルナー・ハイゼンベルク（1901–1976）の行列力学とシュレディンガー方程式との数学的同等性を証明しているのであるから，さしものシュレディンガーも，この半年間は女性遍歴を小休止していたものと思われる。

最初の論文（通称第 1 論文）は，鮮烈である。シュレディンガーは，プランクの関係式もド・ブロイの関係式も一切用いず，解析力学つまり古典論に立ち返って，(8.5) を導き出している。その方法は，前節で示した (8.5) の導出法とはまったく異なる。シュレディンガーは，まずエントロピーの類の作

用関数 S に対するハミルトン–ヤコビ方程式を設定する。本格的な論陣である。そして，$S=\hbar\log\psi$ としてこれを解き始める。つまり，ψ は微視的状態数のような出で立ちである。しかし，解析力学の構図の中で抽象化されているので，ψ の物理的実体はまったく見えない。また，$S=\hbar\log\psi$ は，ボルツマンの原理を連想させるものの，古典論から自然に演繹できるものではない。

しかも，こうして出てきた方程式を変形し，その変形した方程式に変分法を適用する。このやり方は，解析力学の枠組みから明らかに逸脱している。シュレディンガーは，この方法のポリシーを「量子条件を変分問題に置き換える」と説明しているが，得心できるものではない。

このような導出法であったにもかかわらず，シュレディンガー方程式はそれこそ熱狂的に受け入れられた。方程式の解が量子現象を見事に説明したからである。しかも，連続的な波動論の枠組みに収まっている。そして，電子の束縛状態におけるエネルギーは，方程式 (8.5) の固有値として，通常の数学的方法で理解できる。ウィーン（第 4 章参照）は次のように言い放った。「量子飛躍だとかそれと同じようなすべてのナンセンスなものについては，これから一切語る必要はない」

論文は，4 編を通して独創的である。したがって，先行研究を引用する必要がない。ド・ブロイの学位論文を引用し「刺激を受けた」と記すものの，陽にこれを用いているわけではない。ただ，方程式 (8.5) の純粋な数学研究は，既になされていた。それは，第 4 論文で引用されている。1910 年のヘルマン・ワイル（1885–1955）の論文「特異常微分方程式と任意関数の付随的展開について」である。

ワイルは，20 世紀の物理学に最も影響を与えた数学者である。ハイゼンベルクは，ワイルの著書『空間・時間・物質』(1918 年）を読んで，大学入学時には数学を志したくらいだ。ワイルは 1926 年当時，チューリッヒ工科大学（ETH）の教授であり，シュレディンガーに数学的助言を行っている。しかし，シュレディンガー方程式の導出そのものに関与したとは考えづらい。ワイルの美意識にはそぐわないのだ。

　結局のところ，シュレディンガー方程式がどこから来たのかは不明である。米国のリチャード・ファインマン（1918–1988）は，著書『ファインマン物理学』の中で次のように書いている。「どこからこれが得られたのか。どこからでもない。これは，シュレディンガーの精神から生まれたものである」

　本書では，ド・ブロイの関係式 (8.2) と波動の方程式 (8.3) からシュレディンガー方程式を導出した。これは，最も手っ取り早い方法で，現代の量子力学の教科書でもよく見かける。しかし実際には，量子の波が通常の波動のように見做せる根拠はなく，演繹とは言えない。あくまで理屈である。量子化という方法もあるが，これも哲学が合わなければ，こじつけにしか見えない。

　むしろ，シュレディンガー方程式は 1 つのモデリングと考えるのが適当だろう。モデル（数式模型）を説明するには，何らかの理屈があれば良い。どの理屈がしっくりくるかはその人次第。そのモデルを使ってみて納得したら，理屈が無くても良い。

　ただし，このモデルは並のモデルでは無い。打てば響くようなモデルで，このモデルの改変を迫るような事態は未だ，生じていない。モデルとなってから 88 年もの間，最前線で

活躍してきた。ほとんど化け物だ。いや,そんなことを言ったら罰があたる。量子力学の基本原理と言い直そう。

正確には,(8.5) は時間に依存しないシュレディンガー方程式と呼ばれる。時間に依存するシュレディンガー方程式は,第4論文でようやく登場する。そのときにシュレディンガーは,エネルギー E を $i\hbar\dfrac{d}{dt}$ (i は虚数単位) と見立てる量子化にはじめて言及している。

こうして量子力学の基本原理とも言うべき方程式が得られた。そして,方程式を解いてみると量子現象が定量的に理解できる。波動関数 ψ の物理的意味は,最初にシュレディンガーが ψ を導入したときから不明のままであったが,第4論文が完成する頃には,マックス・ボルン (1882–1970) が確率解釈を提示した。$|\psi(x)|^2$ は,量子が x にある確率 (密度) を表すという解釈である。

電子が運動するとき,場からなんらの影響も受けずに自由に動くならば,V は 0 だから,シュレディンガー方程式 (8.5) は $\dfrac{2m}{\hbar^2}E=k^2$ とおくと $\psi''+k^2\psi=0$ となる。この方程式の解 $\psi(x)=e^{ikx}$ (ただし $k>0$) が電子が x 軸を左から右に進む波を表す。逆に,右から左に進む波は $\psi(x)=e^{-ikx}$ で表される。この符号は,シュレディンガーが方程式を導く際に E を $(-i\hbar\dfrac{d}{dt}$ ではなく$)$ $i\hbar\dfrac{d}{dt}$ と見立てたことに由来する。

シュレディンガーは 1927 年に,プランクの要望に応えてベルリン大学の教授となった。すでにベルリン大学教授になっていたアインシュタインとともに,理論物理学における世界の第一人者と認められたのである。

■量子散乱

量子たとえば電子が直線上を遠方から原子，分子などに接近し，しばし原子，分子とにらめっこをした後に再び遠方に飛び去る運動状態を考える。感覚的には，その状況は図8.3で表される。

原子，分子によるポテンシャルエネルギーを $V(x)$ と書いた。これは，電子にとっては図8.3のような障壁のイメージである。電子は負の遠方（これを $x = -\infty$ と書く。そう書くだけであって $-\infty$ なんて数があるわけではない）から，この障壁に向かって e^{ikx} の波として入ってくる。波といっても $e^{ikx} = \cos kx + i \sin kx$ で，複素の波だから図には書けない。仕方がないので，図では $\sin kx$ を書いてある。

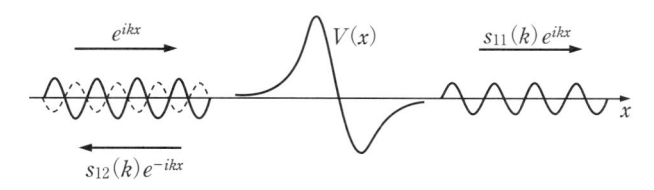

図 8.3 量子散乱（$\psi_\rightarrow$）

古典力学の物体の運動であれば，質点はこの障壁にぶつかり，十分なエネルギーがなければこれを乗り越えて右側に進むことは不可能だ。しかし，電子は量子で，波動としてこの障壁に対応する。実にぬめぬめしており，得体が知れない。起きていることの実像は，シュレディンガー方程式の解 ψ が表す波として捉えるよりない。

障壁と言ったが，電子は行く手を阻まれるわけではない。明らかに，衝突とは異なっている。さりとて何かが消滅したわけでもない。そこで，このような量子の運動を散乱と言う。ここではトンネル効果を例にとり，散乱を説明する。

簡単のために，$x = -\infty$ での振幅を 1 とする。遠方から e^{ikx} として入ったこの波の一部は振幅を減らし，右に透過し遠方（右遠方なので，$+\infty$ と書く）に飛び去る。その分の振幅を $s_{11}(k)$ と表せば，$s_{11}(k)e^{ikx}$ の波が右に透過する。忍法すり抜けの術だ。その一方で，波 e^{ikx} の一部は，障壁があるために反射する。反射するときは，向きが逆なので，e^{-ikx} の波となる。その振幅を $s_{12}(k)$ と書けば，$s_{12}(k)e^{-ikx}$ の波が $-\infty$ に戻っていく。図 8.3 の点線で示した波が $s_{12}(k)e^{-ikx}$ である。うーむ。点線で書いたために影が薄い。すごすごと撤退している風情だ。こりゃいかん。$s_{12}(k)$，元気出せよ。あんたが主役だ。

波は，シュレディンガー方程式 (8.5) の解として得られる。(8.5) に $\dfrac{2m}{\hbar^2}$ を掛けて

$$-\psi'' + \frac{2m}{\hbar^2}V(x)\psi = \frac{2m}{\hbar^2}E\psi$$

と書き直し，$U(x) = \dfrac{2m}{\hbar^2}V(x)$ とおく。このとき，$\dfrac{2m}{\hbar^2}E = k^2$ としたことを思い出せば

$$-\psi'' + U(x)\psi = k^2\psi \tag{8.6}$$

となる。これは，シュレディンガー方程式を簡潔にしただけ。U は V の単なる定数倍。以下，これをポテンシャルと言う。

そして、先ほどから言っている一部が右にすり抜け一部が左に戻る波動を $\psi_\to(x,k)$ で表すと、$\psi_\to(x,k)$ は方程式 (8.6) の解で、遠方で

$$\psi_\to(x,k) \sim \begin{cases} e^{ikx} + s_{12}(k)e^{-ikx}, & x \to -\infty, \\ s_{11}(k)e^{ikx}, & x \to +\infty \end{cases} \quad (8.7)$$

という挙動をしている。$\psi_\to(x,k)$ を (8.6) の右散乱解と言う。$\sim$ と書いたのはそんな風に近似できるという意味である。正確には、左辺マイナス右辺が、$x \to -\infty$ および $x \to +\infty$ のときに 0 に収束するということ。

方程式 (8.6) を書いたのは、正確を期すためであって、煩わしければ「そんなものか」と眺めるだけで十分。以下では、逆問題をやろうとしている。だから、シュレディンガー方程式を解くことはない。

■ハイゼンベルクの S 行列

ポテンシャル $U(x)$ (元をただせば $V(x)$) は、遠方 $x \to \pm\infty$ で十分に小さい（もちろん 0 でもいい）、そういう場合を考えている。このような場合には、$s_{11}(k)$ と $s_{12}(k)$ は、ポテンシャル U から一意に定まり

$$|s_{11}(k)|^2 + |s_{12}(k)|^2 = 1 \quad (8.8)$$

をみたす。それは数学で証明できる。この式は、透過する波と反射する波の割合が（複素）絶対値の 2 乗で与えられることを示す。$|s_{11}(k)|^2$ が透過した分で、$|s_{12}(k)|^2$ が反射した分だ。足せば 1 となり、何も消滅していない。

ついでに言えば,物理的に意味をもつのは $k>0$ のときであるが,数学的には $k<0$ の場合も $s_{11}(k)$ と $s_{12}(k)$ は意味をもつ。つまり, $k<0$ のときも,(8.7) の形の挙動をする (8.6) の解はただ 1 つ定まり, $s_{11}(k)$ と $s_{12}(k)$ が決定できる。物理的とか数学的とか言っているが,量子の波動はもとから物理的実像がつかみづらいので,物理が先か数学が先かよくわからんことになる。

量子が $-\infty$ にいるときの,粒子としての運動エネルギーは $E=\dfrac{1}{2}mv^2$ である。これと前の $\dfrac{2m}{\hbar^2}E=k^2$ を見比べて $mv=\hbar k$ である。したがって, $x=-\infty$ では, k の大きさは量子が粒子として左遠方から原子に近づく速さを表す。とすれば, k が大きくなれば,直観的には透過する分が多くなり最終的には全部透過するのではないか。実は,その通り。$k \to \infty$ のときの $s_{11}(k)$ の極限は 1 になる。(8.8) より,当然反射波 $s_{12}(k)$ の極限は 0 である。

さて, $\psi_\to$ があるなら当然 $\psi_\leftarrow$ もあるだろう。それはそうだ。$\psi_\leftarrow$ は

$$\psi_\leftarrow(x,k) \sim \begin{cases} e^{-ikx}+s_{21}(k)e^{ikx}, & x \to +\infty, \\ s_{22}(k)e^{-ikx}, & x \to -\infty. \end{cases}$$

の挙動をもつ解として得られる。$k \neq 0$ に対し上の挙動をもつ (8.6) の解はただ 1 つ定まり, $s_{22}(k)$ と $s_{21}(k)$ が決定できる。$x=+\infty$ から e^{-ikx} として入った波が左に透過する分が $s_{22}(k)e^{-ikx}$ で,反射して右に戻る分が $s_{21}(k)e^{ikx}$ で与えられる(図 8.4)。

この波 $\psi_\leftarrow(x,k)$ にとっては, $V(x)$ は初めは障壁ではなく

第8章 量子散乱の逆問題

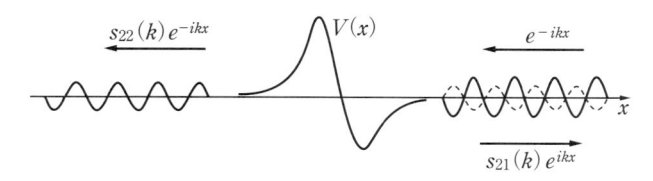

図 8.4 量子散乱 ($\psi_\leftarrow$)

誘いである。電子が，陽子に「おいでおいで」をされている。客引きの甘い言葉に誘われているようなものだ。時には「おいでおいで」をされてふらふらついて行って，束縛状態になる人，もとい電子も出るのか。

いや，$U(x)$ が遠方で十分に小さいという仮定のもとでは，それはない。物理としては $k>0$ であるから，$\frac{2m}{\hbar^2}E=k^2$ よりエネルギーは正。エネルギーが正だと，束縛状態はない。そういう結論が，ちょっとした計算で導かれる。

こうして，4つの量 $s_{11}(k)$, $s_{12}(k)$, $s_{21}(k)$, $s_{22}(k)$ が得られる。これらは，変数 k の関数である。関数といっても値は複素数だからちょっぴり高級である。$k=0$ のときはどうなっているのか。これはそれなりに神経を使う問題だ。物理的に意味のあるのは $k>0$ の場合であるから，$k=0$ のときは，その極限として考える必要がある。電子が透過するのに 10 日もかかるようなことを考えていることに相当する。

数学的にもデリケートなところで，ロシアの著名な数理物理学者ルドヴィグ・ファデーエフ（1934—）ですら，1964年の論文「1 次元シュレディンガー方程式の S 行列の性質」でちょっとした間違いをしたような個所。本書では，$U(x)$

225

が遠方で十分小さく，その結果4つの関数 $s_{11}(k)$, $s_{12}(k)$, $s_{21}(k)$, $s_{22}(k)$ が実軸上の連続関数になっている場合を考える。実軸上なんて妙な言い方をしているが，要するに実数全体に対し定義された連続関数ということ。実直線（＝実軸）の上にグラフがあるというイメージから，実軸上の関数という表現をする。そしてこれらは，いずれも $\overline{s_{ij}(k)} = s_{ij}(-k)$ という性質（ここで ‾ は複素共役）をもつ。これは，U が実数の値をとる関数であることの反映である。さらにもうひとつ，$s_{11}(k) = s_{22}(k)$ が成り立つ。これは $x = -\infty$ での入射波と $x = +\infty$ での入射波の振幅を等しく（両方1と）取って4つの関数を定めたことに起因する。

さて，4つも出てきて面倒だから行列にまとめてしまおう。

$$S(k) = \begin{pmatrix} s_{11}(k) & s_{12}(k) \\ s_{21}(k) & s_{22}(k) \end{pmatrix} \tag{8.9}$$

うむ，すっきりした。以後4つをだらだら書く必要がない。

$S(k)$ は散乱波の振幅 $s_{ij}(k)$ を並べた行列だから，散乱行列と呼ばれる。散乱は，独語で Streuung（英語では scattering）だから，S 行列と略して言うことが多い。ハイゼンベルクが1943年から1944年にかけて発表した連作の論文「素粒子理論における観測可能な量」でその理論研究を行ったことから，ハイゼンベルクの S 行列とも言われる。これを1次元散乱問題で書いたのが，(8.9) の $S(k)$ である。言い方を換えれば，本書ではハイゼンベルクの S 行列を，1次元散乱を例として説明したことになる。

ハイゼンベルクといえば，行列力学や不確定性原理で有名

である。しかし，このＳ行列理論も量子散乱の基礎を成す重要な理論だ。その論文タイトル「素粒子理論における観測可能な量」は，ハイゼンベルクの量子力学に対する姿勢を端的に物語る。彼は，観測できないもの（たとえば，原子の中の電子の軌道）を含む理論に満足せず，直接観測できる量を基軸として量子力学の理論展開を図るべしと考えた。この姿勢はハイゼンベルクの量子力学研究では，一貫している。そして，量子反応の仕組みはＳ行列がすべて統制していると考えた。この考えが，ハイゼンベルクのＳ行列理論の根底を成す。

実際に，Ｓ行列は良い特性をもつ。まず，ユニタリ性という性質。これは，行列で書けば，$S\overline{{}^tS} = \overline{{}^tS}S = I$ という性質を言う。ただし，ここで $\overline{{}^tS}$ は行列 S の転置を取り，その上で成分の複素共役を取ったもの。このユニタリ性は，量子が波動としては消滅していないこと，つまりトータルは保存されることを意味する。実際に $S\overline{{}^tS} = \overline{{}^tS}S = I$ の計算をすれば，(8.8) が得られる。もっと一般に，双方向から量子が入射するような場合にも，ユニタリ性があれば保存則が成り立つ。つまり，ユニタリ性は量子力学の保存則なのだ。

さらに，Ｓ行列は解析性をもつ。ハイゼンベルクはこの点に注目した。解析性の意味を，1 次元散乱の $S(k)$ で説明しよう。$S(k)$ のうちの $s_{11}(k)$ を考える。この関数は実軸上の連続関数だが，実は複素平面の上半分（図 8.5）で何個かの点（それを極と言う）を除いて微分可能な関数の極限になっている。このことを，$s_{11}(k)$ は「複素上半面に解析接続される」と表現する。

複素関数として微分可能というのは，かなり強い条件である。したがって，$s_{11}(k)$ が複素上半面に解析接続されるとい

```
複素上半面
            ・極
```
└─ 実軸（ここでは k は実数）

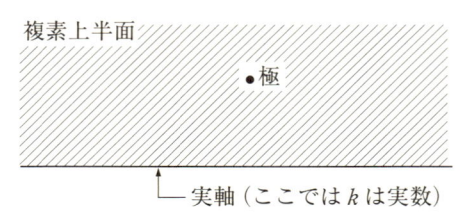

図 8.5 複素上半面と極

うのは，$s_{11}(k)$ がかなり性質の良い関数であることを意味する。$s_{11}(k) = s_{22}(k)$ だから，$S(k)$ の対角成分（行列の対角線上の成分）が性質の良い関数と言っても，同じことだ。これを，S 行列の解析性と言う。

この解析性に起因して，上半面の関数 $s_{11}(k)$ は実軸上の関数 $s_{11}(k)$ から，極の位置を除けば決定されてしまう。では，その極の位置は何を意味するのか。何と，それは <u>束縛状態のエネルギーに対応</u> している。$s_{11}(k)$ は極では発散しているが，その位置は束縛状態のエネルギーを示す。

エネルギーと k の関係式は，$\dfrac{2m}{\hbar^2}E = k^2$ である。そして，k が複素数で E は実数である。そんな k はどこにあるのか。そう，純虚数というものにならざるを得ない。これを，$k = i\kappa$ と書こう。順番をつけて $i\kappa_1, \cdots, i\kappa_N$ とする。これに対応するエネルギーは $E_n = -\dfrac{\hbar^2}{2m}\kappa_n{}^2$ で，これらは負の値である。これが束縛状態のエネルギーを表す。

E_1 は基底状態，E_2 は第 1 励起状態，……というわけで，話はうまくできている。そして，解析関数の極が束縛状態のエネルギーにつながるのは，数学的にもきれいである。S 行

第8章 量子散乱の逆問題

```
複素上半面     ← 虚軸（ここでは κ は純虚数）
              • $i\kappa_1$（エネルギー $E_1$ に対応）
              •
              •
              • $i\kappa_n$（エネルギー $E_n$ に対応）
              •
              •
              • $i\kappa_N$（エネルギー $E_N$ に対応）
──────────────────────────────────
            └─ 実軸（ここでは $k$ は実数）
```

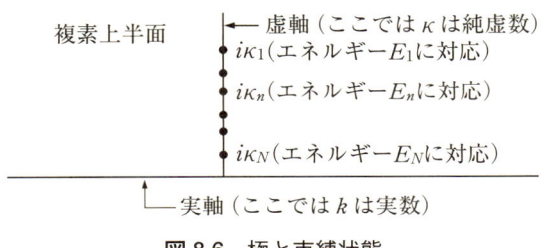

図 8.6　極と束縛状態

列で量子反応の仕組みがすべてわかる。ハイゼンベルクがそう考えたのも，無理からぬことである。

■散乱の逆問題

ハイゼンベルクの考え方は，夙に逆問題的である。だが S 行列理論自身は，本書の規定する逆問題の枠組みに収まらない。S 行列理論の目的は，（相対論を含む）量子理論そのものを作り上げることにあった。もう少し正確に言えば，ボルフガング・パウリ（1900−1958）との共同研究で 1929〜30 年に作り上げた場の量子論（ハイゼンベルク−パウリ理論）における計算の障害である積分発散の困難を克服することを目指していた。

しかし，シュレディンガー方程式を通してみれば，本書の意味での典型的な逆問題が，すぐに得られる。

$$\boxed{\text{ポテンシャル } U} \xleftarrow{\text{シュレディンガー方程式}} \boxed{\text{S 行列}}$$

ポテンシャルというものは，直接観測できるものではない。

229

これは，CTの逆問題（第1章）における密度や，重力探査逆問題（第1章）における密度異常と同様である。いや，複雑さにおいてはそれ以上であろう。ポテンシャルは原子・分子の配列や構成が原子単位でわかってはじめて定まるが，これを直接見ることは絶望的である。

ハイゼンベルクは，この散乱の逆問題を提示していない。S行列こそがすべてを語る。その信念だけで十分だったのだろう。だが，この逆問題はS行列の理論およびシュレディンガー方程式の両方にとって，ひいては量子力学そのものにとって，生命線である。

力と観測量の双方に明確な意味が見いだせる古典力学の逆問題（第3章参照）と異なり，双方がともに拠り所をもたない量子力学では，この両者が手を結べないとすれば，原理から考え直す必要が生じてしまう。だからこそ，この逆問題はすぐに精力的な研究の対象となった。

はじめに示されたのは，S行列だけではポテンシャルは同定できないという結果である。ドイツに生まれ米国で研究活動をしたバレンティン・バーグマン（1908–1989）が，異なるポテンシャルから同じS行列が生ずる例を作って見せたのだ。その論文の出版が1949年だから，ハイゼンベルクのS行列の理論はあっという間に，逆問題の俎上に載せられたことになる。

バーグマンの結果は，S行列だけではポテンシャルは一意に定まらないことを意味する。では，ポテンシャルを決定するための追加的データは何か，また再構成法はどのように得られるか，これが次の問題となる。

これに対する解答は，ウクライナの数学者ウラジミール・

第8章 量子散乱の逆問題

ファデーエフ
Nankai Institute of Mathemathics HP より（部分）

マルチェンコ（1922–）とファデーエフによって与えられた。マルチェンコの論文は「散乱波の位相からのポテンシャルエネルギーの再構成」（1955 年），ファデーエフの論文はすでに述べた 1964 年に発表されたもの。

上の 2 論文で採用された追加的データは，規格化定数というもの。まず，これを説明しよう。複素上半面の純虚数 $i\kappa_n$ には，束縛状態が対応する。この束縛状態の波動関数を $\psi_n(x)$ と書く。束縛状態の電子が x に存在する確率が $|\psi_n(x)|^2$ だから，この総和は 1（式で書けば，$\int_{-\infty}^{\infty}|\psi_n(x)|^2 dx = 1$）である。この波動関数の $x \to +\infty$ のときの挙動は，$|\psi_n(x)| \sim c_n e^{-\kappa_n x}$ の形で近似される。ここに現れる定数 c_n，これを規格化定数と言う。束縛状態における電子波の裾野の広がりを表す数である。

S 行列に加えて，この規格化定数を観測データとすると，これらを実現するポテンシャル $U(x)$ はただ 1 つ定まる。そして，$U(x)$ は次の手順で再構成される。

> **【ポテンシャルの再構成法】**
>
> <u>第1段</u>　関数 $F(x)$ を
>
> $$F(x) = \frac{1}{2\pi}\int_{-\infty}^{\infty} s_{21}(k)e^{ikx}dk + \sum_{n=1}^{N} c_n{}^2\, e^{-\kappa_n x} \quad (8.10)$$
>
> と定義する。
>
> <u>第2段</u>　関数 $A(x,y)$ を
>
> $$A(x,y) + \int_x^{\infty} A(x,z)F(z+y)dz + F(x+y) = 0 \quad (8.11)$$
>
> をみたす関数とする。ただし，$x \leqq y$ である。
>
> <u>第3段</u>　$U(x)$ は $A(x,x)$ から，次のように定められる。
>
> $$U(x) = -2\frac{d}{dx}A(x,x) \quad (8.12)$$

　これが，マルチェンコとファデーエフによって得られた U の再構成法である。S行列からポテンシャルへの逆のパスだ。式がいくつも出てきて難しく見えるが，恐れることはない。シュレディンガー方程式を解くよりは，ずっと簡単である。

　まず，S行列のうちの透過係数 $s_{21}(k)$ と束縛状態のエネルギーを示す κ_n および規格化定数 c_n の組 $\{s_{21}(k), \kappa_n, c_n\}$ を用意する。これを散乱データと言う。κ_n や c_n は正の定数だ。この散乱データから，関数 F を (8.10) で計算する。(8.10) の右辺第1項の積分は，関数 $s_{21}(k)$ の逆フーリエ変換と言われる。右辺第2項は束縛状態のデータ c_n と κ_n から決まる。もちろん，束縛状態がない場合には，この右辺第2項は付加

せず，第1項だけで良い．こうして，$F(x)$ が得られる．

方程式 (8.11) を，マルチェンコ方程式と言う．F は第1段で得られた既知関数で，$A(x,y)$ が未知関数である．つまり，$A(x,y)$ の y を変数とする積分方程式である．この積分方程式は，解 $A(x,y)$ をただ1つもつ．積分方程式でこういうことを証明するのは，一般には難解なのだが，ここでは数学的な良い仕組みがあってうまくいく．あとは簡単．得られた関数 $A(x,y)$ で $y=x$ とした関数を微分して，-2 を掛ければ，ポテンシャル $U(x)$ が得られる．

実例で計算してみよう．さすがに複雑なのはいやだから，$s_{21}(k)=0$ で束縛状態が1個だけで $\kappa=1$ のときを考える．1個だけだから，規格化定数も単に c と書く．反射係数が0だから，無反射と言われる場合の最も簡単な例である．散乱データは $\{0, 1, c\}$ となる．(8.9) にならって S 行列で書けば

$$S(k) = \begin{pmatrix} \dfrac{k+i}{k-i} & 0 \\ 0 & \dfrac{k+i}{k-i} \end{pmatrix} \tag{8.13}$$

である．ここに現れる変数 k の関数は，複素上半面の i でのみ微分可能でない（どころか定義もされない）．つまり，i を極としている．

まず，第1段にしたがって，F を作る．$s_{21}(k)=0$ だから (8.10) の右辺第1項の積分は0となり，よって $F(x)=c^2 e^{-x}$ となる．これより，

$$F(z+y) = c^2 e^{-(z+y)} = c^2 e^{-y} e^{-z},$$
$$F(x+y) = c^2 e^{-y} e^{-x}$$

となり，ゆえにマルチェンコ方程式は

$$A(x,y)+c^2e^{-y}\left(\int_x^\infty A(x,z)e^{-z}dz+e^{-x}\right)=0$$

となる．この式の括弧の中は大きな形だが，単なる x の関数である．そこで

$$p(x)=\int_x^\infty A(x,z)e^{-z}dz+e^{-x}$$

とおく．すると，$A(x,y)=-c^2 p(x)e^{-y}$ である．これを，上に代入し $\int_x^\infty e^{-2z}dz=\frac{1}{2}e^{-2x}$ を用いて計算して

$$p(x)=\frac{e^{-x}}{1+\dfrac{c^2}{2}e^{-2x}}$$

が得られる．それを再び，$A(x,y)=-c^2 p(x)e^{-y}$ に代入して，$A(x,y)$ が求められる．結果は

$$A(x,y)=-\frac{c^2 e^{-x}e^{-y}}{1+\dfrac{c^2}{2}e^{-2x}}=-\frac{2}{\dfrac{2}{c^2}e^{x+y}+e^{-(x-y)}}$$

となる．これで第2段が完了．

あとは，(8.12) で $U(x)$ を求めるだけ．その計算を見易くするために

$$\delta=\frac{1}{2}\log\frac{2}{c^2} \tag{8.14}$$

とおく．さすれば，$\dfrac{2}{c^2}=e^{2\delta}$ だから，$y=x$ として

$$A(x,x) = -\frac{2}{e^{2(x+\delta)}+1}$$

となる。これを微分して

$$\frac{d}{dx}A(x,x) = \frac{4e^{2(x+\delta)}}{(e^{2(x+\delta)}+1)^2} = \left(\frac{2}{e^{x+\delta}+e^{-(x+\delta)}}\right)^2$$

である。一般に $\dfrac{2}{e^x+e^{-x}}$ を $\operatorname{sech} x$ と書く（sech はセカントハイパボリックと読む）。これを使えば，右辺は $\operatorname{sech}^2(x+\delta)$ と表される。

(8.12) より，求めるべき $U(x)$ はこれに -2 を掛けて

$$U(x) = -2\operatorname{sech}^2(x+\delta) \tag{8.15}$$

となる。これが答え。散乱データ $\{0, 1, c\}$ に対するポテンシャルがこうして再構成された。

再構成されたのは良いが，ここまでの結論はとりあえず

$$-2\operatorname{sech}^2(x+\delta) \longleftarrow \{0, 1, c\}$$

である。つまり，$\{0, 1, c\}$ を散乱データとするポテンシャル $U(x)$ が存在するならば，そのポテンシャルは $-2\operatorname{sech}^2(x+\delta)$ だということ。しかし，結論を言えば

$$-2\operatorname{sech}^2(x+\delta) \longrightarrow \{0, 1, c\}$$

も成立する。このことは，直接計算しても確かめられるが，一般に証明されたポテンシャルの存在定理（ダイフツ–トルボビッツ，1979 年）を用いれば計算する必要もない。

いずれにしてもこのようにして，双方向的な変換として

$$-2\text{sech}^2(x+\delta) \longleftrightarrow \{0, 1, c\} \tag{8.16}$$

が得られた。一般に，ポテンシャルから散乱データへの変換を散乱変換，散乱データからポテンシャルへの変換を逆散乱変換と言う。

以上により，S 行列 (8.13) を生ずるポテンシャルは，$U(x) = -2\,\text{sech}^2(x+\delta)$ となる。これに $\dfrac{\hbar^2}{2m}$ を掛けたのが元の V である。そのグラフを量子散乱と併せて書けば，図 8.7 のようになる。V は $-\delta$ を中心に対称である。

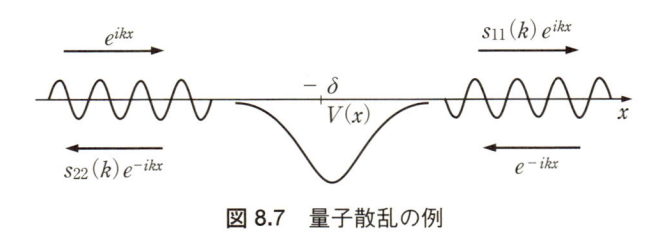

図 8.7　量子散乱の例

反射係数が 0 だから，全部透過する。忍法すり抜けの術どころではない。全抜けだ。左からやってきた電子も右からのも，全部透過する。どんどんお通り下さいという風情だ。その代わりに，エネルギーが負で，束縛状態がある。エネルギーが負では，束縛されることがあるのだ。ただし，そのエネルギーの値は $-\dfrac{\hbar^2}{2m}$ である。この値より大きくても小さくても束縛されない。量子エネルギーの不思議なところである。

散乱の逆問題に関する結論をまとめておく。<u>シュレディンガー方程式のポテンシャルは，ハイゼンベルクのS行列と規格化定数の散乱データから一意に決定される。ポテンシャルは，マルチェンコ–ファデーエフの再構成法により求められる。</u>

S行列からポテンシャルを決定する逆問題は，ハイゼンベルクがS行列理論で本来意図した目的からすれば付録のようなものだったのかもしれない。しかし，この問題の解決は，S行列の重要性をしっかりと指し示している。

■逆スペクトル問題

ハイゼンベルクがS行列理論を発表した1943〜44年といえば，第二次世界大戦の末期である。ナチスドイツの戦況は次第に悪化しており，その頃には多くの名だたる科学者がドイツ国外へと，亡命・脱出をしている。

ユダヤ人のアインシュタインは，ナチスがドイツの政権を握った1933年には既にアメリカに亡命し，プリンストン高等研究所（IAS）の教授になっている。シュレディンガーはユダヤ人ではないが，ナチスによる抑圧の移譲に関与する高等教育機関に嫌気がさし，オックスフォード大学に移る。妻ヘレーネがユダヤ人だったワイルも，IASの教授となる。ユダヤ人の血を引くボーアは，コペンハーゲンで亡命の手助けをしていた。しかし，デンマークがドイツ軍に占領されると英国に脱出し，その後米国に移る。

ボルンはスコットランドに渡り，エディンバラ大学の教授となった。ハイゼンベルクの良き研究パートナーだったパウリも1940年夏にチューリッヒを去り，プリンストン大学に

移っている。バーグマンは，最後の最後に危機一髪で，米国に脱出，アインシュタインの助手になった。プランクとハイゼンベルクはドイツに残ったが，茨の道を歩むことになる。

そんな中，ハイゼンベルクのS行列理論の論文は，ドイツから日本に届けられた。何と，潜水艦によって運ばれたのだ。1941年の独ソ開戦および日米開戦後は，日独は陸上海上の物資輸送ルートを断たれ，戦略物資・機密資料ならびに人材はそんな形で受け渡すよりなかったのである。論文は，かつてハイゼンベルクのもとに留学していた朝永振一郎（1906–1979）に届けられた。表紙には，「極秘」の判が押されていたと言う。1943年以降にはアジア海域の制海権も連合国に奪われつつあったことからすれば，これが届いたのは僥倖としか言いようがない。

この論文が戦後に，朝永から間接的に，数学者の小平邦彦（1915–1997）の手に渡る。小平は，S行列理論の論文をきっかけとして，論文「2階常微分方程式の固有値問題とハイゼンベルクのS行列理論」（1949年）を書く。これは，ワイルが1910年の論文で始めた固有関数による一般展開理論とハイゼンベルクのS行列との関係を明らかにした論文である。この論文の参考文献を見ると，潜水艦で運ばれたハイゼンベルクの論文には，S行列の第I～III論文だけでなく未発表の第IV論文が含まれていたことがわかる。

一般展開理論は，フーリエ逆変換の一般化の理論だ。フーリエ変換をフーリエ逆変換すれば元に戻る。同様に，シュレディンガー方程式(8.6)の解による変換も，フーリエ逆変換と類似の積分変換で元へ戻るというのがワイルの結論だ。その際，逆変換はスペクトルに付随した重みを持って積分する

必要が生じる。その重みを，スペクトル関数と言う。小平の論文はスペクトル関数の計算公式を与えると共に，その公式によりS行列の特異性が自然に説明されることを示した。ワイルによって提起された問題

$$\boxed{\text{ポテンシャル } U} \xrightarrow{\text{2 階常微分方程式}} \boxed{\text{スペクトル関数}}$$

は，小平によって決着されたのである。

上の問題の逆問題

$$\boxed{\text{ポテンシャル } U} \xleftarrow{\text{2 階常微分方程式}} \boxed{\text{スペクトル関数}}$$

は，散乱の逆問題（略して逆散乱問題）の数学的抽象化に相当する。これを逆スペクトル問題と言う。

逆スペクトル問題のポテンシャルの再構成法は，ロシアのイスラエル・ゲルファント（1913–2009）とボリス・レビタン（1914–2004）の1951年の論文「スペクトル関数からの微分方程式の決定について」によって与えられた。その再構成法の軸になる積分方程式が，マルチェンコ方程式 (8.11) の原型となっている。それゆえ，これらを総称して，ゲルファント–レビタン–マルチェンコ方程式と呼ぶ。ここまでの話を，次ページの表 8.1 に集約しておこう。

小平は，上に述べた仕事とは別に，戦時中にリーマン面の調和微分形式の理論を作り上げている。これがワイルの目に留まり，プリンストン高等研究所に招聘される。そして 1949 年夏に，ロバート・オッペンハイマー（1904–1967）に招聘された朝永と共に，船で渡米した。小平は，その後 1968 年ま

表8.1　まとめ

	順問題	逆問題
数学	スペクトル理論	逆スペクトル問題
量子力学	散乱理論	逆散乱問題

で米国で研究活動を行い,「複素多様体」の研究で世界をリードした。

1949年の秋に, 湯川秀樹（1907−1981）が日本人初のノーベル賞に決定。プリンストンにいた朝永と小平は, ニューヨークにいた湯川のもとに, お祝いに駆けつけている。16年後には朝永が, 場の量子論の積分発散の困難を克服する「繰り込み理論」でノーベル賞を受賞した。一方, 小平は1954年に数学のノーベル賞と言われるフィールズ賞を受賞している。「もはや戦後ではない」そういう時代が目前に迫っていた頃の話である。

■非線形波動

量子散乱の逆問題。これは, 驚くべきところに結びついた。そして, その結びつき方も尋常ではなかった。その話自身は逆問題ではなく, したがって本書の守備範囲外なのだが, しかしこの物語は触れずにはいられない。

1967年に, プリンストン大学の数理科学者達が「KdV方程式の解法」という論文を発表した。著者はクリフォード・ガードナー, ジョン・グリーン, マーティン・クルスカル, ロバート・ミウラの4人。この著者たちの頭文字を採って, 論文GGKMと呼ばれる。

GGKM は，KdV 方程式

$$u_t - 6uu_x + u_{xxx} = 0 \tag{8.17}$$

の解 $u = u(x, t)$ を，シュレディンガー方程式 (8.6) のポテンシャル $U(x)$ としたときに，その散乱データがどのように時刻 t によって変化するかを調べた。ただし，$u(x, t)$ はどの時刻 t においても，遠方の x で減衰しているものとする。

KdV 方程式は，波の方程式である。波と言ってもこちらは，量子の波動と異なり，実世界の波だ。水路を一定方向に伝わる波を想像されたい。1895 年にオランダの数学者ディエデリク・コルテベーグとグスタフ・ド・フリースにより提唱されたので，彼らの頭文字を採り KdV 方程式と呼ばれる。読み方は，ケーディブイ。申し遅れたが，u_t は u を t で微分したもの，u_x は u を x で微分したもの，u_{xxx} は u を x で 3 回微分したものである。

ちょっと紛らわしいが，方程式の u にマイナスを付けた $-u$ が，水路の平均水面からの水の高さを表す。そこで，たとえば図 8.7 の V を上下逆さにして（本を逆さにして）見たのが，波形となる。

4 人の数学者はどうして $u = u(x, t)$ の散乱データの変化を調べようと考えたのか。GGKM では，その理由は明示されていない。KdV 方程式 (8.17) とシュレディンガー方程式とは，生まれも育ちも外見もまったく異なる。関係がありそうには，まったく思えないのだ。したがって，とりあえずは，突飛な発想としか言いようがない。

ともかく

$$-\frac{d^2 f}{dx^2} + u(x,t)f = k^2 f$$

の散乱データを調べた。この散乱データは t によって異なる。一般には，$u(x,t)$ が t によってどう変わるかの規則性が簡潔であったとしても，散乱データがその規則性をきれいに反映してくれることなど，期待できない。つまり，$u(x,t)$ が初期時刻の $u(x,0)$ から $u(x,t)$ と変化していく過程

$$u(x,0) \longrightarrow u(x,t)$$

が簡潔であっても，対応する散乱データの変化

$$\{s_{21}(k,0), \kappa_n(0), c_n(0)\} \longrightarrow \{s_{21}(k,t), \kappa_n(t), c_n(t)\}$$

が明快なんてことは，到底望めない。

ところが，$u(x,t)$ が KdV 方程式 (8.17) をみたしながら時間変化していくとき，散乱データは極めて明快な変化をする。式で書けば

$$\{s_{21}(k,0), \kappa_n(0), c_n(0)\} \longrightarrow \{s_{21}(k,0)e^{8ik^3 t}, \kappa_n(0), c_n(0)e^{4\kappa_n^3 t}\}$$

である。

見ての通り，明快そのもの。特に，複素上半面の極の位置を表す $\kappa_n(0)$ は時間が経ってもまったく変化しない。だから，極 $i\kappa_n$（図 8.6 参照）はぴくりともしない。引っ越しなんかせず，住所不動だ。変化しないから $\kappa_n(0)$ なんて書く必要がない。以後，単に κ_n と書く。$i\kappa_n$ は不動の極ということになる。ついでに言えば，$s_{11}(k,t)$ も不変，すなわち $s_{11}(k,t) =$

第8章 量子散乱の逆問題

$s_{11}(k,0)$ である。

明快はいいけど，この発見がどう役立つのか。図解して説明しよう。

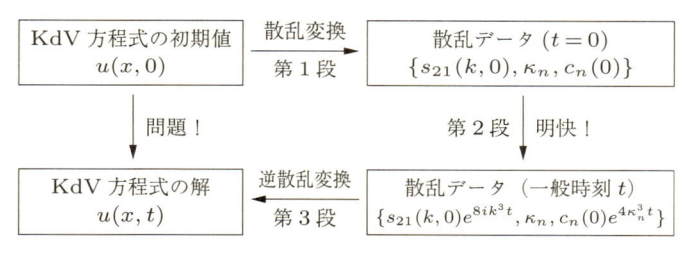

```
┌─────────────────┐  散乱変換  ┌──────────────────────────┐
│ KdV 方程式の初期値 │ ───────→ │ 散乱データ ($t=0$)         │
│   $u(x,0)$       │  第1段    │ $\{s_{21}(k,0), \kappa_n, c_n(0)\}$ │
└─────────────────┘           └──────────────────────────┘
        │ 問題！                         │ 第2段  明快！
        ↓                               ↓
┌─────────────────┐  逆散乱変換 ┌──────────────────────────┐
│ KdV 方程式の解    │ ←───────  │ 散乱データ（一般時刻 $t$）    │
│   $u(x,t)$       │  第3段    │ $\{s_{21}(k,0)e^{8ik^3t}, \kappa_n, c_n(0)e^{4\kappa_n^3 t}\}$ │
└─────────────────┘           └──────────────────────────┘
```

図 8.8 逆散乱法

今，問題なのは，初期の $u(x,0)$ を知って $u(x,t)$ を求めることである。問題！と書いてある部分だ。問題を与えられたってびっくりしない人には，びっくりマークは迷惑だろうが，まあ良しとしよう。KdV 方程式は，波を記述する方程式だから，$u(x,0)$ は時刻 0 での波形（のマイナス）である。そして，知りたいのは，時刻 t の時の波形，これが問題だ。

この問題を解くのに，まずこの初期の波をシュレディンガー方程式のポテンシャルとして，その散乱データを求める。これが図 8.8 の第 1 段。ここは順問題だから，矢印は→となっている。この手順を，散乱変換と言う。

さて，先ほど言ったように，散乱データの時間変化は明快だから，すぐに時刻 t の散乱データは求められる。これが第 2 段。ここのびっくりマークはどうだ！ という意味の！だ。発見したのは GGKM だけれど。

最後に逆散乱問題の解答，ポテンシャルの再構成法を適用する。ここが第 3 段，逆散乱変換と書いた部分だ。要するに，右に行って下に行って左に行く，そうすれば，答え $u(x,t)$ が得られるという算段である。この 3 段からなる算段を，逆散乱法と言う。さっそく，例で実行してみよう。

$u(x,0) = -2\,\text{sech}^2 x$ とする。波形は図 8.7 の $V(x)$ のようなもの。ただし $x=0$ が中心である。これに逆散乱法を適用すると，次のようになる。

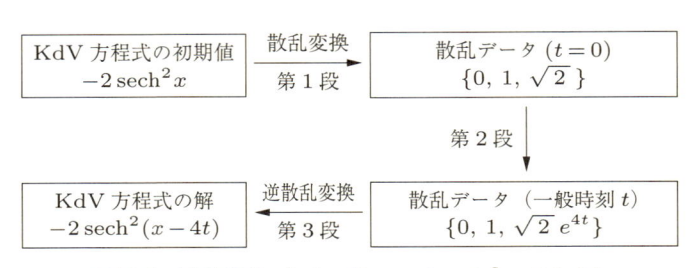

```
┌─────────────────────┐  散乱変換   ┌─────────────────────┐
│ KdV 方程式の初期値   │ ─────────→ │ 散乱データ ($t=0$)  │
│ $-2\,\text{sech}^2 x$ │   第 1 段   │ $\{0, 1, \sqrt{2}\}$ │
└─────────────────────┘              └─────────────────────┘
                                                │
                                           第 2 段 │
                                                ↓
┌─────────────────────┐ 逆散乱変換  ┌─────────────────────────┐
│ KdV 方程式の解      │ ←───────── │ 散乱データ（一般時刻 $t$）│
│ $-2\,\text{sech}^2(x-4t)$ │ 第 3 段 │ $\{0, 1, \sqrt{2}\,e^{4t}\}$ │
└─────────────────────┘              └─────────────────────────┘
```

図 8.9 逆散乱法（$u(x,0) = -2\,\text{sech}^2 x$ のとき）

この図の計算過程は，(8.16) と (8.14) をまとめて書いた次の（ポテンシャルと散乱データの）対応から得られる。

$$-2\,\text{sech}^2\left(x + \frac{1}{2}\log\frac{2}{c^2}\right) \longleftrightarrow \{0, 1, c\} \tag{8.18}$$

(8.18) で $c = \sqrt{2}$ として $-2\,\text{sech}^2 x \longrightarrow \{0, 1, \sqrt{2}\}$ である。逆の ← も成立するが，ここでは → だけが必要。これで第 1 段は完了。$\{0, 1, \sqrt{2}\}$ が $t=0$ での散乱データとなる。n は 1 つだけだから $c(0) = \sqrt{2}$ である。

ここでの κ は 1 だから $i\kappa = i$, つまり不動の極は i。そうだ, 愛は不動でなくてはいかん。ともかく, 第 2 段より t での散乱データは, $\{0, 1, \sqrt{2}\, e^{4t}\}$ となる。第 3 段では, 今度は $c = \sqrt{2}\, e^{4t}$ として, (8.18) を逆に使う。つまり

$$-2\,\mathrm{sech}^2(x - 4t) \longleftarrow \{0, 1, \sqrt{2}\, e^{4t}\}$$

である。これで, 算段が完了。こうして, 図 8.9 が得られる。

上の例で分かったことは, $u(x, 0) = -2\,\mathrm{sech}^2 x$ のときの KdV 方程式 (8.17) の解は $u(x, t) = -2\,\mathrm{sech}^2(x - 4t)$ となること。$-u$ が水路の平均水面からの水の高さを表す実際の波形であったから, $-u$ を図解すると, 図 8.10 のようになる。$t = 0$ の時の波は, 形を変えずに右に移動する。

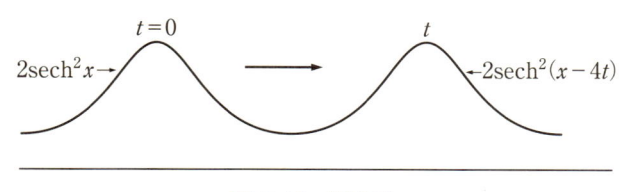

図 8.10 孤立波

こんな波が得られたからと言って, 何が面白いのか。実は, 図 8.10 の波は, 並の波ではない。そのことを説明するために, コルテベーグとド・フリースの論文 (1895 年) の冒頭を引用する。

「ラムあるいはバセットの流体力学の研究では, 摩擦が無視できる場合でも, 長方形水路の長波は時間が経過するにつれ

て波の前面が急勾配になり,それに比して後面の勾配が緩やかになり,必ず形を変えると考える。だが,ブシネスク,レイリーおよびセントベナントの孤立波の研究以来,この考えが疑わしいとする根拠も提示されてきた。実のところは,その根拠が確たるものとしても,なぜ孤立波が例外たり得るのかの理由を見出すのは難しい」

並の波は前面が急勾配になり,必ず砕ける。これは,通常の海の波を思い浮かべると納得できる。水路の長波も同様で,その波形が保たれることは流体力学的根拠を持っていなかった。

対して,「エディンバラ郊外の水路づたいに孤立波を馬で1〜2マイルも追った」という報告(スコット・ラッセル,1844年)もあり,ブシネスク,レイリー,セントベナントらはこの孤立波が存在し得る流体力学を示してみせた。しかし,それは,通常の波がある種の近似の際に孤立波になる仕組みを説明した研究であって,孤立波が厳然と存在する論拠としては弱い。これが,コルテベーグとド・フリースの KdV 方程式導出の動機となっている。

図 8.10 の波。これは,並の波ではなく孤立波を表している。もっとも,この波,$2\,\text{sech}^2\,(x-4t)$ 自身はコルテベーグとド・フリースが KdV 方程式の特別解として発見していたものである。

それでは面白くない。今度は,$u(x,0) = -6\,\text{sech}^2 x$ で計算してみよう。答えは $u(x,t) = -6\,\text{sech}^2\,(x-4t)$ <u>ではない</u>。KdV 方程式は非線形方程式だから,解を定数倍しても正しい解とはならない。正しい答えは図 8.11 の通り。

$u(x,0) = -2\,\text{sech}^2 x$ のときより,計算は数段ハードになる。

第8章 量子散乱の逆問題

```
┌─────────────────┐  散乱変換  ┌──────────────────────────┐
│ KdV方程式の初期値 │ ──────→ │  散乱データ ($t=0$)       │
│  $-6\,\text{sech}^2 x$  │  第1段   │ $\{0, \{2, 1\}, \{2\sqrt{3}, \sqrt{6}\}\}$ │
└─────────────────┘          └──────────────────────────┘
                                          │ 第2段
                                          ↓
┌─────────────────┐ 逆散乱変換 ┌──────────────────────────┐
│ KdV方程式の解    │ ←────── │ 散乱データ(一般時刻 $t$)   │
│  (8.19)式       │  第3段   │ $\{0, \{2, 1\}, \{2\sqrt{3}\,e^{32t}, \sqrt{6}\,e^{4t}\}\}$ │
└─────────────────┘          └──────────────────────────┘
```

図 8.11 逆散乱法（$u(x,0) = -6\,\text{sech}^2 x$ のとき）

答えも

$$u(x,t) = -12\frac{3 + 4\cosh(2x-8t) + \cosh(4x-64t)}{(3\cosh(x-28t) + \cosh(3x-36t))^2} \quad (8.19)$$

と面倒な式になる。しかし，とにかく逆散乱法により，厳密解を求めることができる。この解をグラフにすると，図8.12のようになる。

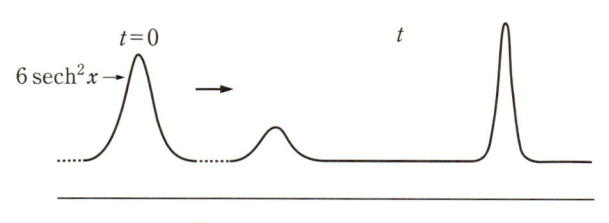

図 8.12 2つの孤立波

今度は，$t=0$ で $6\,\text{sech}^2 x$ であった波は，t のときに2つの孤立波に分裂する。少し見づらいかもしれないが，真ん中の

247

低い波と右方の高い波の2つの重ね合わせが，(8.19) のマイナスを取っ払った関数である。低い波は高さが2で速さは4，高い波は高さが8で速さは16である。

何が起きているかを見るには，時間を逆転して $-t$ のときを考えると良い。$-t$ のときは図はすべて左右対称になるから，大きな波は小さな波を追いかけてくることになる。そして，$t=0$ でいったん合体して $6\,\mathrm{sech}^2 x$ となるが，まるで独立した粒子のように，大きな波は形を保ったまま小さな波を置いてきぼりにして，すーっと先に行ってしまう。これもまた，忍法すり抜けの術のようだ。

単に孤立しているだけではなく，お互いの作用を受けずに形を変えない。この特性をもつ波をソリトン（soliton）と言う。こうした波を最初に見出したノーマン・ザブスキーとクルスカル（1965年）によるネーミングである。現在ではソリトンは，一般的な非線形波動として，流体力学や物理学のみならず宇宙科学，高分子化学，非線形光学，生物学，渋滞学など，いろいろな科学分野で研究対象となっている。

2つのソリトンから成る解もあれば，むろん一般個数 n のソリトンから成る解もある。そしてそれらは，おのおのの極 $i\kappa_1,\cdots,i\kappa_n$ に対応している。感覚的には，おのおのの極を住所としていると表現できる。実際に，図8.12の一番右のソリトンは $\kappa=2$ に，また，真ん中の小さなソリトンは $\kappa=1$ に由来する。だから，それぞれ $2i, i$ に住んでいるソリトンである。

もとから見れば，ソリトン達はハイゼンベルクのS行列の極にどっしりと居を構えている。虚軸に位置していても，その居は虚の住まいではない。これを見ると，数学が実在とし

て自然の中に組み込まれている感じがする。

別に物理と関係しない領域でも，こういった実感をもつ数学者は少なくない。もともと，数学は自然現象を理解するための学問ではない。しかし，結果的には自然現象を理解するのに決定的な役割を果たしてきた。これもまた，数学が実在として自然に組み込まれているからである。

逆問題の典型例として，資源の鉱脈を地表の重力探査から探る問題を挙げた。これと対比して言えば，自然に組み込まれて実在する数学は「数脈」と言える。そして数学を学ぶことは，自然現象や数学的現象からこの数脈を探り当てる逆問題を解くことに喩えられよう。数脈が科学のメカニズムの中でドクドクと脈打つ，その脈拍から数脈を探りあてるのだ。

残念ながらこの逆問題は，本書の規定する逆問題の枠内に収まり切るものではない。

参考文献および注釈

論文のタイトルはイタリックで記す。また，雑誌の巻号を太字で表す。

【第 1 章】

まず，逆問題全般に関し参考にした書物を列挙しておく。

『逆問題』久保司郎，培風館 (1992)

『逆問題とその解き方』岡本良夫，オーム社 (1992)

『材料力学における逆問題』H. D. Bui 著，青木繁他訳，裳華房 (1994)

『数理科学における逆問題』チャールズ W. グロエッチュ著，金子晃・山本昌宏・滝口孝志訳，サイエンス社 (1996)

『離散インバース理論』W. メンケ著，柳谷俊・塚田和彦訳，古今書院 (1997)

『電磁現象と逆問題』小島史男・上坂充編著，養賢堂 (1999)

『逆問題入門』山本昌宏，岩波書店 (2002)

数学の専門書として逆問題を扱ったものを列挙すると

『逆問題』田中博・岡部政之・鈴木貴，岩波書店 (1993)

『逆問題の数理と解法』登坂宣好・大西和榮・山本昌宏，東京大学出版会 (1999)

『逆問題』堤正義，朝倉書店 (2012)

CT については，『20 世紀の数学』笠原乾吉・杉浦光夫編，

日本評論社 (1998) の第4章 コンピュータ・トモグラフィの歴史（金子晃）と第3章 Radon 変換（吉沢尚明）に詳しい解説がある。積分方程式と逆問題については『積分方程式』上村豊，共立出版 (2001) を挙げておく。

36ページのニュートンと逆問題との関係については『古典力学の形成』山本義隆，日本評論社 (1997) が興味深い。紛らわしさを避けるために本文では記さなかったが，「順ニュートン問題」とか「逆ニュートン問題」なる用語があり，本書で言うところの順問題を「逆ニュートン問題」あるいは「逆問題」と呼ぶ言葉遣いが，20世紀初頭にまで確認されると言う（同書5ページ参照）。

【第2章】

この章は，2つの論文の解説である。48ページの論文は，L. W. Alvarez, W. Alvarez, F. Asaro, H. V. Michel, *Extraterrestrial cause for the Cretaceous–Tertiary extinction*, Science **208** (1980), 1095–1108 である。また，57ページの論文は，A. R. Hildebrand, G. T. Penfield, D. A. Kring, M. Pilkington, Antonio Camargo Z., S. B. Jacobsen, W. V. Boynton, *Chicxulub Crater: A possible Cretaceous/Tertiary boundary impact crater on the Yucatán Peninsula, Mexico*, Geology **19** (1991), 867–871 である。

この章の執筆に際しては，以下の書物を参考にした：
『いつ起こる小惑星大衝突』地球衝突小惑星研究会，ブルーバックス，講談社 (1993)
『絶滅のクレーター』W. アルヴァレズ著，月森左知訳，新評論 (1997)

『彗星大衝突』J. グリビン・M. グリビン著，磯部琇三・吉川真・矢野創訳，三田出版会 (1997)

『天体衝突』松井孝典，ブルーバックス，講談社 (2014)

【第 3 章】

振動の逆問題がテーマであるために，振動の順問題については説明を端折らざるを得なかった。70 ページの単振り子の方程式 (3.4) の導出については，『オイラーの公式がわかる』原岡喜重，ブルーバックス，講談社 (2013) を参照されたい。この書には，単振り子の方程式の導出に限らず，本書が説明を省略して書いた数式（オイラーの公式，微分方程式の解，波動の数式等）の丁寧な解説がある。ホイヘンス振り子や非線形振動については，『振動論』戸田盛和，培風館 (1968) を参考にした。なお，83 ページの論文は，Y. Kamimura and T. Kaneya, *Global determination of a nonlinearity from a periodic motion*, Journal of Mathematical Analysis and Applications **403** (2013), 506–521 である。第 3 章に記した論文等のデータについては，この論文の References を参照されたい。

【第 4 章】

放射公式の講演記録（97 ページ）は，M. Plank, *Über eine Verbesserung der Wien'schen Spectralgleichung*, Verhandlungen der Deutschen Physikalischen Gesellschaft **2** (1900), 202–204 であり，エネルギー量子の発見の講演記録（101 ページ）は，M. Plank, *Zur Theorie des Gesetzes der Energieverteilung im Normalspectrum*, Verhandlungen der Deutschen

Physikalischen Gesellschaft **2** (1900), 237–245 である。

また、世紀越えの論文（106 ページ）は、M. Plank, *Über das Gesetz der Energieverteilung im Normalspectrum*, Annalen der Physik **309** (1901), 553–563 である。これらの講演記録と論文の和訳および解説は、『熱輻射論と量子論の起原：ウィーン，プランク論文集』天野清訳編，大日本出版 (1943) にある。

アインシュタインの論文（108 ページ）は A. Einstein, *Über einen die Erzeugung und Verwandlung des Lichtes betreffenden heuristischen Gesichtspunkt*, Annalen der Physik **322** (1905), 132–148 であり，続編（112 ページ）は A. Einstein, *Zur Theorie der Lichterzeugung und Lichtabsorption*, Annalen der Physik, **325** (1906), 199–206 である。これらの和訳および解説は、『アインシュタイン選集 1』中村誠太郎・谷川安孝・井上健訳編，共立出版 (1971) にある。

【第 5 章】

冒頭（116 ページ）の書は、『A View of the Sea』H. Stommel, Princeton University Press (1987) である。ウンシュの論文およびストンメル–スコットの論文（117 ページ）は、C. Wunsch, *Determining the general circulation of the oceans: A preliminary discussion*, Science **196** (1977), 871–875 および H. Stommel and F. Schott, *The beta spiral and the determination of the absolute velocity field from hydrographic station data*, Deep Sea Research **24** (1977), 325–329 である。

130 ページに記した論文は、D. J. Olbers, M. Wenzel and J. Willebrand, *The inference of North Atlantic circulation*

patterns from climatological hydrographic data, Reviews of Geophysics **23** (1985), 313–356 である。本書の (5.8) 式の (ρ の近似を用いない) 導出法 (128–129 ページ) は筆者による。海洋物理学に関しては,『沿岸の海洋物理学』宇野木早苗, 東海大学出版会 (1993) を参考にした。

海洋科学に関する逆問題の専門書を 2 冊挙げておく。

『Inverse Methods in Physical Oceanography』A.F. Bennett, Cambridge University Press (1992)

『The Ocean Circulation Inverse Problem』C. Wunsch, Cambridge University Press (1996)

【第 6 章】

この章は, 逆問題とは独立に, ムーア–ペンローズ逆行列ならびに特異値分解の入門講義と見ることもできる。執筆に際し, 次の書物を参考にした。

『射影行列・一般逆行列・特異値分解』柳井晴夫・竹内啓, 東京大学出版会 (1983)

『一般逆行列とその応用』C. R. ラオ・S. K. ミトラ著, 渋谷政昭・田辺国士訳, 東京図書 (1973)

『数学入門 II』上村豊・坪井堅二, 東京化学同人 (2004)

『線形代数』新井仁之, 日本評論社 (2006)

ペンローズの論文 (167 ページ) は, R. Penrose, *A generalized inverse for matrices*, Mathematical Proceedings of the Cambridge Philosophical Society **51** (1955), 406–413 および *On best approximate solutions of linear matrix equations*, Mathematical Proceedings of the Cambridge Philosophical Society **52** (1956), 17–19 である。ムーアの講演記録 (167

ページ）は，E. H. Moore, *On the reciprocal of the generic algebraic matrices*, Bulletin of the American Mathematical Society **26** (1920), 394–395 である。また，1935 年の著作は，『General Analysis, Memories of the American Philosophical Society, I』E. H. Moore, American Philosophical Society (1935) である。

【第 7 章】

チホノフの論文（179 ページ）は，A. N. Tikhonov, *Solution of incorrectly formulated problems and the regularization method*, Soviet Mathematics Doklady **5** (1963), 1035–1038（英訳版）および A. N. Tikhonov, *Incorrect problems of linear algebra and a stable method for their solution*, Doklady Akademii Nauk SSSR **163** (1965), 988–991 である。連立 1 次方程式に対する正則化法（regularization method）は，後者に書かれている。

モロゾフの論文（183 ページ）は，V. A. Morozov, *Choice of a parameter for the solution of functional equations by the regularization metod*, Doklady Akademii Nauk SSSR **175** (1967), 1000–1003（英訳版）である。

フィリップスの論文（200 ページ）は，D. L. Phillips, *A technique for the numerical solution of certain integral equations of the first kind*, Journal of the Association for Computing Machinery **9** (1962), 84–97 である。また，ランガーの論文（200 ページ）は，R. E. Langer, *An inverse problem in differential equations*, Bulletin of the American Mathematical Society **39** (1933), 814–820 である。

【第 8 章】

　量子力学速成コースの執筆では以下の書物を参考にした。
『量子力学 I, II』朝永振一郎，みすず書房 (1952)
『量子力学』ランダウ・リフシッツ著，佐々木健・好村滋洋訳，東京図書 (1967)
『ファインマン物理学 V 量子力学』ファインマン・レイトン・サンズ著，砂川重信訳，岩波書店 (1979)
『量子力学 30 講』戸田盛和，朝倉書店 (1999)
『量子力学のからくり』山田克哉，ブルーバックス，講談社 (2003)
『基礎からの量子力学』上村洸・山本貴博，裳華房 (2013)

　シュレディンガーの論文は，E. Schrödinger, *Quantisierung als Eigenwertproblem*, Annalen der Physik **384** (1926), 361–376, 同 489–527, **385** (1926), 437–490, **386** (1926), 109–139 の 4 部作。和訳および解説が，『シュレーディンガー選集 1：波動力学論文集』田中正・南政次訳，共立出版 (1974) にある。シュレディンガーの挿話は，『シュレーディンガー』W. ムーア著，小林澈郎・土佐幸子訳，培風館 (1995) に基づく。

　ヘルマン・ワイルの論文は，H. Weyl, *Über gewöhnliche Differentialgreichungen mit Singularitäten und die zugehörigen Entwicklungen willkürlicher Funktionen*, Mathematische Annalen **68** (1910), 220–269 である。ワイルが量子力学をどのように捉えていたかに関しては，ワイルの『Gruppentheorie und Quantenmechanik』の第 2 版 (1930) の英訳『The Theory of Groups and Quantum Mechanics』H. Weyl 著，H. P. Robertson 訳，Dover (1931) を参照した。

　ハイゼンベルクの S 行列理論の論文は，W. Heisenberg,

Die beobachtbaren Größen in der Theorie der Elementar-teilchen, Zeitschrift für Physik **120** (1943), 513–538, 同タイトル *II*, 同 673–702, 同タイトル *III*, **123** (1944), 93–112 である。同タイトル *IV* は雑誌発表されていないが，全集『Heisenberg Gesammelte Werke』, Springer Verlag (1989) の AII に収められている。ハイゼンベルクの挿話は，その自伝『部分と全体』W. ハイゼンベルク著，山崎和夫訳，みすず書房 (1974) に基づく。

散乱の逆問題に関しては，以下の書物を参考にした。

『Inverse Problems in Quantum Scattering Theory』 K. Chadan・P. C. Sabatier, Springer Verlag (1977)

『散乱理論における逆問題』加藤祐輔，岩波書店 (1983)

『Sturm–Liouville Operators and Applications』 V. A. Marchenko, Birkhäuser Verlag (1986)

バーグマンの論文（230 ページ）は，V. Bargmann, *Remarks on the determination of a central field of force from the elastic scattering phase shifts*, Physical Review **75** (1949), 301–303 である。マルチェンコの論文（231 ページ）は，Doklady Akademii Nauk SSSR **104** (1955), 695–698 に発表された（露語）。ファデーエフの論文（225 ページおよび 230 ページ）は，Trudy Matematicheskogo Instituta Steklova **70** (1964), 314-333 に発表された（露語）。その英訳が，L. D. Faddeev, *Properties of the S-matrix of the one-dimensional Schrödinger equation*, American Mathematical Society Translations **65** (1967), 139–166 にある。ダイフツとトルボビッツの論文（235 ページ）は，P. Deift and E. Trubowitz, *Inverse scattering on the line*, Communications on Pure and Applied Mathematics

32 (1979), 121–251 である。

小平の論文（238 ページ）は，K. Kodaira, *The eigenvalue problem for ordinary differential equations of the second order and Heisenberg's theory of S-Matrices*, American Journal of Mathematics **71** (1949), 921–945 である。なお，スペクトル関数を定める順問題（239 ページ）の 1 階常微分方程式に対する理論については，K. Kodaira, *On ordinary differential equations of any even order and the corresponding eigenfunction expansions*, American Journal of Mathematics **72** (1950), 502–544 および『スペクトル理論 I』木村俊房，岩波書店 (1979) を参照されたい。

ハイゼンベルクの論文および朝永，小平に関する挿話は，『怠け数学者の記』小平邦彦，岩波書店 (1986) に基づく。

逆スペクトル問題のゲルファントとレビタンの論文（239 ページ）は，Izvestiya Akademii Nauk SSSR **15** (1951), 309–360 に発表された（露語）。その英訳が，I. M. Gelfand and B. M. Levitan, *On the determination of a differential equation from its spectral function*, American Mathematical Society Translations **1** (1955), 253–304 にある。

逆スペクトル問題は，本書では触れるに留まった。ゲルファント–レビタン理論やそこに至る研究結果については，『数理物理の微分方程式』望月清・I. トルシン，培風館 (2005) を参考にされたい。

論文 GGKM（240 ページ）は，C. S. Gardner, J. M. Greene, M. D. Kruskal, and R. M. Miura, *Method for solving the Korteweg-de Vries equation*, Physical Review Letters **19** (1967), 1095–1097 である。コルテベーグとド・フリースの論

文（245 ページ）は，D. J. Korteweg and G. de Vries, *On the change of form of long waves advancing in a rectangular canal, and on a new type of long stationary waves*, Philosophical Magazine **39** (1895), 422–443 である。

　非線形波動に関しては，本書は入門以前でしかない。さらに学ぶための書物を挙げておく。

『非線形波動』和達三樹，岩波書店 (1992)
『非線形波動とソリトン』戸田盛和，日本評論社 (2000)
『非線形波動の古典解析』大宮眞弓，森北出版 (2008)

　最後に，本文で書かなかったことあるいは書けなかったことについて触れておきたい。

　現象から自然を探るという哲学（46 ページ）に立てば，法則や原理を見出すことも，逆問題の範疇に在る。しかし，逆問題が現代科学の進展との関わりの中で果たした役割は，法則や原理を直接に見出すところにはない。むしろ，模索から生じた仮説は，その仮説に基づく逆問題を解くことによって，法則や原理として定着した。プランクの量子仮説も，アルバレスの衝突仮説も，地衡流の運動方程式も，シュレディンガー方程式もすべてこれらを仮説とした逆問題が仮説提唱後の初期段階で明確な形で解かれることにより，法則や定説や原理へと定着していったのである。

　現代科学において，逆問題の発想は仮説を法則や原理へと昇華させるために初期のそして重要な段階で，決定的な役割を果たしてきた。そう見るべきであろう。無論，これは本書の規定における逆問題の役割である。また，さらにこの問題を深く掘り下げるためには，何をもって法則とか原理と言う

のかを，正確に規定する必要が生ずる．

　この議論を本文で避けたのは，法則や原理をあまり突き詰めない方が，逆問題の楽しさや気楽さが伝わると考えたためである．これは筆者の教育経験に負うところが大きい．筆者は東京海洋大学で海洋科学部海洋環境学科の学生の指導をしてきたが，以前は，逆問題を卒業論文や修士論文のテーマとして課すことにためらいがあった．法則や原理とそれによる順問題を勉強していくだけで終わってしまうのではとの懸念が，筆者を臆病にさせていたのである．

　最近になってこれが単なる杞憂であったことを，筆者は学生達から学んだ．今野隆志君（平成17年3月卒，卒論題目『拡散と流れによる温度決定とその逆問題』），飯田浩平君（平成22年3月卒，『一般 Verhulst Model のパラメータ同定』），伊藤陽介君（平成22年3月卒，『毒の効果のモデリング』），西村仁孝君（平成26年3月卒，『有理数階の積分方程式』，現在修士課程在籍中）等は，順問題だの法則だのにはこだわりをもたず実におおらかに，そして自分のやりたいように逆問題の研究を進めたのである（まだ名前を挙げたい方がいるのだが個人情報の観点から断念，これくらいにとどめる）．これは筆者にとって新鮮な驚きであった．もっと早くから逆問題をテーマに指導していれば良かったと後悔することしきりである．逆問題は伝統や型へのこだわりを捨てて，すすめるものだ．そんな思いが，本書執筆の底流にある．

　実は，非整数階の微分積分（たとえば $\frac{1}{2}$ 階微分）は，過去現代を通して，逆問題の解析に出てくる「ある種の微分」の代表選手であり，本書でも1つの章として書く予定にしてい

たのだが，全体のバランスに鑑み断念せざるを得なかった。またの機会を待ちたい。

また，量子散乱の逆問題も相対論的量子力学の逆散乱にまで踏み込んで書くと，海洋循環逆問題との関連が出てきて非常に面白いのであるが，紙数の関係で割愛せざるを得なかった。以下を参照されたい。

Y. Kamimura, *An inverse problem in advection-diffusion*, Journal of Physics: Conference Series **73** (2007), doi:10.1088/1742-6596/73/1/012012

Y. Kamimura, *Energy dependent inverse scattering on the line*, Differential and Integral Equations **21** (2008), 1083–1112

本書では，独語文献の翻訳や解釈に関し，ドイツで長期在外研究をしておられた東京海洋大学の稲本守教授に御指導いただいた。また，東京海洋大学の「宇宙じん」こと大橋秀夫教授に物理学に関し，専門知識を授かった。さらに，吉田次郎教授には，海洋物理学に関し助言をいただいた。厚くお礼申し上げる。

講談社の梓沢修氏には，実に多くのアドバイスをいただいた。逆問題の面白さを読者にわかりやすく伝えたい。氏の，その熱意が執筆の強い支えであった。ここに謝意を表す次第である。

さくいん

【アルファベット】

CT　18
CT スキャン　18
KdV 方程式　241
K–T 境界　47, 54, 63
S 行列　226
S 行列理論　229
X 線　18

【あ行】

アインシュタイン　14, 108
悪条件　192
圧力傾度力　119
圧力勾配　124
アルバレス　48
安定性の保証　30
一意性　33
一意性定理　77
一意性の保証　30
一意性問題　78
イリジウム　51

ウィーン　95
ウィーンの放射公式　98
占部実　78
ウンシュ　117
エネルギー要素　90, 103, 105
エネルギー量子　109
演算規則　12
エントロピー　97
オピアル　77

【か行】

回帰直線　142
解析　12
解の安定性　78
解の存在　78
核　43
角礫岩　58
過剰決定系　144
ガリレオ　71
観測結果　16
観測誤差　179
規格化定数　232

基準面　125
規則　22, 92
逆　24
逆解析　24, 35
逆散乱問題　244
逆方法　24, 117
逆モデル　23
逆問題　13, 16, 22
逆理論　23
キャベンディシュ　37
共鳴子振動エネルギー　97
恐竜絶滅　48
行列力学　226
キルヒホッフ　92
クーロンポテンシャル　213
グッビオ　47
クラカトア分数　52
クレーター　62
黒潮　119
結果　14, 22, 26, 35, 46
原因　14, 22, 25, 30, 35, 46, 92
厳密解　138
光電効果　90, 108
光量子　109
光量子仮説　90, 109
黒体　92
黒体放射のエネルギー公式　90
誤差に対する鋭敏性　29, 32

小平邦彦　238
コリオリの力　118
コリオリパラメーター　120
コンピューター断層撮影　18

【さ行】

サイクロイド　72
サイクロイド振り子　72
再構成法　33, 78, 232
最小2乗解　142, 160
散乱　222
散乱行列　226
散乱変換　243
時間に依存しないシュレディンガー方程式　220
質量保存則　126
周期　67
シュレディンガー　217
シュレディンガー方程式　217
順問題　13, 19, 67
衝撃変成石英　54
条件数　191
衝突仮説　54
振幅　67
数式模型　23
スコット　117
ステファン　95

ストンメル　117
生成円　72
正則化項　179
正則化パラメーター　179, 182, 184
セカントハイパボリック　235
積分方程式　41
セノーテ　60
セントラル・アップリフト　62
束縛状態　214, 228
ソリトン　248
存在の保証　30

【た行】

第1種フレドホルム積分方程式　43, 193
体積保存則　126
地衡流　119
チチュルブクレーター　57
雉兎同籠問題　35
チホノフ　179, 198
チホノフ正則化　189
チホノフ正則化解　181, 186
チホノフの定理　198
チホノフ汎関数　179
チョーク　47
対合　80

定性的　16
定量的　16, 24
データ誤差　133
データ・フィッティング　91
適切問題　30, 176
テクタイト　58
電磁振動　97
転置行列　152
透過係数　232
等時性　69
同定可能　33
同定問題　78
特異値　171
特異値分解　168, 170, 173, 189
ド・ブロイ　215
トレーサー　116, 127
トレーサーの保存則　127

【な行】

ニュートン　12, 36
ねじり秤　37
熱振動　97

【は行】

バーグマン　230
ハイゼンベルク　226

ハイゼンベルクのS行列　226
パウリ　229
パス　13
波動関数　220
万有引力定数　37
非圧縮条件　126
非対称等時性振り子　82
日高孝次　42
非適切　30
非適切性　29, 31
非適切問題　176
微分方程式　12
標準重力　61
ファインマン　219
ファデーエフ　225, 231
ブーゲ異常　39
ブーゲ重力　39, 59
ブーゲの法則　18
フーコーの振り子　119
フーリエ逆変換　238
フーリエ変換　238
不確定性原理　226
復元力　67, 80
複素多様体　240
不足決定系　145, 156
フック　67
フックの法則　69
プランク　90

プランク定数　95
プランクの放射公式　90
振り子　69
振り子の等時性　71
分割された要素　22
ベアリング関数　80
ペンローズ　166
ホイヘンス　71
ホイヘンス振り子　72
包括　22, 26, 35, 46
法則　14, 22, 92
ポテンシャルエネルギー　221
ボルツマン定数　95
ボルツマンの原理　103
ボルツマンの統計力学　90
ボルン　220

【ま行】

マルチェンコ　231
マルチェンコ–ファデーエフの再構成法　237
道筋　13
密度勾配　124
密度保存則　126
ムーア　167
ムーア–ペンローズ逆行列　161, 165, 173

無流面　124
モデリング　23
モデル　23
モロゾフの食い違い原理　183, 184, 192
問相　17
問題の様相　17

【や行】

ユカタン半島　57, 60
ユニタリ性　227
要素　25, 35, 46, 92

【ら行】

量子仮説　90, 105, 108
量子力学　212
ルジャンドル　142
励起状態　214
レイリー–ジーンズの放射公式　110
連続方程式　126

【わ行】

ワイル　218, 238

N.D.C.413　　266p　　18cm

ブルーバックス　B-1893

逆問題の考え方
結果から原因を探る数学

2014年12月20日　第1刷発行

著者	上村 豊（かみむら ゆたか）
発行者	鈴木 哲
発行所	株式会社講談社
	〒112-8001　東京都文京区音羽2-12-21
電話	出版部　03-5395-3524
	販売部　03-5395-5817
	業務部　03-5395-3615
印刷所	（本文印刷）凸版印刷株式会社
	（カバー表紙印刷）信毎書籍印刷株式会社
製本所	株式会社国宝社

定価はカバーに表示してあります。
©上村 豊 2014, Printed in Japan
落丁本・乱丁本は購入書店名を明記のうえ、小社業務部宛にお送りください。送料小社負担にてお取替えします。なお、この本についてのお問い合わせは、ブルーバックス出版部宛にお願いいたします。
本書のコピー、スキャン、デジタル化等の無断複製は著作権法上での例外を除き禁じられています。本書を代行業者等の第三者に依頼してスキャンやデジタル化することはたとえ個人や家庭内の利用でも著作権法違反です。
R〈日本複製権センター委託出版物〉複写を希望される場合は、日本複製権センター（03-3401-2382）にご連絡ください。

ISBN978-4-06-257893-6

発刊のことば

科学をあなたのポケットに

　二十世紀最大の特色は、それが科学時代であるということです。科学は日に日に進歩を続け、止まるところを知りません。ひと昔前の夢物語もどんどん現実化しており、今やわれわれの生活のすべてが、科学によってゆり動かされているといっても過言ではないでしょう。

　そのような背景を考えれば、学者や学生はもちろん、産業人も、セールスマンも、ジャーナリストも、家庭の主婦も、みんなが科学を知らなければ、時代の流れに逆らうことになるでしょう。ブルーバックス発刊の意義と必然性はそこにあります。このシリーズは、読む人に科学的に物を考える習慣と、科学的に物を見る目を養っていただくことを最大の目標にしています。そのためには、単に原理や法則の解説に終始するのではなくて、政治や経済など、社会科学や人文科学にも関連させて、広い視野から問題を追究していきます。科学はむずかしいという先入観を改める表現と構成、それも類書にないブルーバックスの特色であると信じます。

一九六三年九月

野間省一

ブルーバックス　数学関係書 (I)

- 35 計画の科学　加藤昭吉
- 116 推計学のすすめ　佐藤信
- 120 統計でウソをつく法　ダレル・ハフ　高木秀玄=訳
- 177 ゼロから無限へ　C・レイド　芹沢正三=訳
- 217 ゲームの理論入門　モートン・D・デービス　桐谷維/森克美=訳
- 325 現代数学小事典　寺阪英孝=編
- 408 数学質問箱　矢野健太郎
- 478 微積分に強くなる　柴田敏男
- 584 10歳からの相対性理論　都筑卓司
- 722 解ければ天才！ 算数100の難問・奇問　中村義作
- 797 円周率πの不思議　堀場芳数
- 833 虚数 i の不思議　堀場芳数
- 862 対数 e の不思議　堀場芳数
- 908 数学トリック=だまされまいぞ！ 仲田紀夫
- 926 原因をさぐる統計学　豊田秀樹/前田忠彦/柳井晴夫
- 988 論理パズル101　デル・マガジンズ社=編　小野田博一=編訳
- 1003 マンガ 微積分入門　岡部恒治　藤岡文世=絵
- 1013 違いを見ぬく統計学　豊田秀樹
- 1037 道具としての微分方程式　斎藤恭一　吉田剛=絵
- 1061 新作・論理パズル77　小野田博一
- 1074 フェルマーの大定理が解けた！ 足立恒雄

- 1076 トポロジーの発想　川久保勝夫
- 1141 マンガ 幾何入門　岡部恒治　藤岡文世=絵
- 1201 自然にひそむ数学　佐藤修一
- 1243 高校数学とっておき勉強法　鍵本聡
- 1289 代数をひもとく おはなし数学史　中村義作
- 1312 マンガ おはなし数学史　仲田紀夫=原作　佐々木ケン=漫画
- 1332 新装版 集合とはなにか　竹内外史
- 1352 確率・統計であばくギャンブルのからくり　谷岡一郎
- 1353 算数パズル「出しっこ問題」傑作選　仲田紀夫
- 1366 論理パズル「出しっこ問題」傑作選　小野田博一
- 1368 数学パズル これを英語で言えますか？　E・ネルソン=監修　保江邦夫=著　新井紀子=編
- 1372 数学にときめく　竹内淳
- 1383 高校数学でわかるマクスウェル方程式　竹内淳
- 1386 素数入門　芹沢正三
- 1407 入試数学 伝説の良問100　安田亨
- 1419 パズルでひらめく補助線の幾何学　中村義作
- 1423 史上最強の論理パズル　小野田博一
- 1429 数学21世紀の7大難問　中村亨
- 1430 Excelで遊ぶ手作り数学シミュレーション　田沼晴彦
- 1433 大人のための算数練習帳　佐藤恒雄
- 1453 大人のための算数練習帳 図形問題編　佐藤恒雄

ブルーバックス　数学関係書 (II)

- 1455　数学・まだこんなことがわからない（新装版）　吉永良正
- 1470　高校数学でわかるシュレディンガー方程式　竹内淳
- 1479　なるほど高校数学　三角関数の物語　原岡喜重
- 1484　単位171の新知識　星田直彦
- 1490　暗号の数理　改訂新版　一松信
- 1493　計算力を強くする　鍵本聡
- 1497　統計グラフのウラ・オモテ　上田尚一
- 1515　論理力を強くする　小野田博一
- 1536　計算力を強くするpart2　鍵本聡
- 1547　広辞苑　ハイレベル中学数学に挑戦　算数オリンピック委員会=監修／青木亮二=解説
- 1549　やさしい統計入門　柳井晴夫・C・R・ラオ
- 1557　はじめての数式処理ソフト　CD-ROM付　田村正章
- 1560　音律と音階の科学　小方厚
- 1567　大人のための算数練習帳　中学入試編　佐藤恒雄
- 1586　算数オリンピックに挑戦 '04〜'07年度版　算数オリンピック委員会=編
- 1595　数論入門　芹沢正三
- 1598　なるほど高校数学　ベクトルの物語　原岡喜重
- 1606　関数とはなんだろう　山根英司
- 1617　出題者心理から見た入試数学　芳沢光雄
- 1619　離散数学「数え上げ理論」　野崎昭弘
- 1620　高校数学でわかるボルツマンの原理　竹内淳

- 1625　やりなおし算数道場　歌丸優一=漫画／花摘香里=文
- 1629　計算力を強くする　完全ドリル　鍵本聡
- 1640　ケプラーの八角星　不定方程式の整数解問題　五輪教一
- 1657　高校数学でわかるフーリエ変換　竹内淳
- 1661　史上最強の実践数学公式123　佐藤恒雄
- 1677　新体系・高校数学の教科書（上）　芳沢光雄
- 1678　新体系・高校数学の教科書（下）　芳沢光雄
- 1681　マンガ　統計学入門　アイリーン・V・ルーノー=絵／神永正博=監訳／井口耕二=訳　リブロワークス
- 1682　入門者のExcel関数　中村亨
- 1684　ガロアの群論　小泓正直
- 1694　傑作！数学パズル50　竹内淳
- 1704　高校数学でわかる線形代数　竹内淳
- 1711　なるほど高校数学　数列の物語　宇野勝博
- 1724　ウソを見破る統計学　神永正博
- 1738　物理数学の直観的方法（普及版）　長沼伸一郎
- 1740　マンガで読む　計算力を強くする　がそんみは=マンガ／銀杏社=構成
- 1741　マンガで読む　マックスウェルの悪魔　月路なぎさ=マンガ／銀杏社=構成
- 1743　大学入試問題で語る数論の世界　清水健一
- 1757　高校数学でわかる統計学　竹内淳
- 1764　新体系・中学数学の教科書（上）　芳沢光雄

ブルーバックス　数学関係書（Ⅲ）

- 1765　新体系　中学数学の教科書（下）　芳沢光雄
- 1770　連分数のふしぎ　木村俊一
- 1782　はじめてのゲーム理論　川越敏司
- 1784　確率・統計でわかる「金融リスク」のからくり　吉本佳生
- 1786　「超」入門　微分積分　神永正博
- 1788　複素数とはなにか　示野信一
- 1803　高校数学でわかる相対性理論　竹内淳
- 1808　算数オリンピックに挑戦 '08〜'12年度版　算数オリンピック委員会=編
- 1810　不完全性定理とはなにか　竹内薫
- 1818　オイラーの公式がわかる　原岡喜重
- 1819　世界は2乗でできている　小島寛之
- 1822　マンガ　線形代数入門　北垣絵美=漫画　鍵本聡=原作
- 1823　三角形の七不思議　細矢治夫
- 1833　超絶難問論理パズル　小野田博一
- 1838　読解力を強くする算数練習帳　佐藤恒雄
- 1841　難関入試　算数速攻術　中川塁=画　松島りつこ=画

BC06　JMP活用　統計学とっておき勉強法　新村秀一

ブルーバックス12cm CD-ROM付